LE Système métrique Développé

PRÉCÉDÉ

DE NOTIONS DE GÉOMÉTRIE,

ET SUIVI

DES CONVERSIONS RAISONNÉES DES ANCIENNES MESURES EN NOUVELLES.

A l'usage des Notaires, Arpenteurs, Agents d'affaires, Entrepreneurs, Commerçants, Instituteurs, Cultivateurs, Artisans, etc.

PAR LEGROS,

INSTITUTEUR DU DEGRÉ SUPÉRIEUR A VAILLY.

PRIX : 2 fr.

SOISSONS.

LIBRAIRIE CLASSIQUE DE FOSSÉ DARCOSSE,

IMPRIMEUR-LIBRAIRE, RUE DES RATS, 10.

1841.

LE

SYSTÈME MÉTRIQUE

DÉVELOPPÉ.

CET OUVRAGE SE VEND :

A SOISSONS, chez **LAMY-LEULLIER**, rue des Rats, 1.

A VAILLY, chez l'Auteur.

A PARIS, chez **L. HACHETTE**, libraire de l'Université, rue Pierre Sarrazin, 12.

Et chez les principaux Libraires du département de l'Aisne.

SOISSONS. — IMPRIMERIE DE EM. FOSSÉ DARCOSSE,
IMPRIMEUR-LIBRAIRE, RUE DES RATS, 10.

LE SYSTÈME MÉTRIQUE DÉVELOPPÉ,

PRÉCÉDÉ

DE NOTIONS DE GÉOMÉTRIE;

A l'usage des Notaires, Arpenteurs, Agents d'affaires, Entrepreneurs, Commerçants, Instituteurs, Cultivateurs, Artisans, etc.

PAR LEGROS,

INSTITUTEUR DU DEGRÉ SUPÉRIEUR A VAILLY.

SOISSONS.

LIBRAIRIE CLASSIQUE DE FOSSÉ DARCOSSE,

IMPRIMEUR-LIBRAIRE, RUE DES RATS, 10.

1841.

AVANT-PROPOS.

Un système uniforme de poids et mesures, pour tout un Etat, est un des plus grands bienfaits dont un Gouvernement puisse doter son pays. Aussi plusieurs de nos rois du moyen-âge, à l'exemple du roi d'Angleterre, Henri Ier, ont-ils eu la pensée de ramener à l'unité la multiplicité infinie des poids et mesures précédemment en usage en France; mais alors leurs efforts devaient échouer devant la résistance des seigneurs qui, comme autant de souverains, avaient leurs lois et leurs mesures particulières. A l'époque où la féodalité fut entièrement abolie, le Gouvernement français s'occupa d'établir, et arrêta enfin, un système de poids et mesures qui, par sa simplicité et par la facilité qu'il procure dans les calculs des opérations géométriques et commerciales, et dans le mesurage des produits industriels et des travaux d'art, aurait dû être adopté dans toute l'étendue de la France. Il n'en a point été ainsi, et cela n'a rien d'étonnant; car d'un côté l'habitude, de l'autre l'ignorance, effrayée par des noms nouveaux, devaient former un puissant obstacle à l'adoption des mesures métriques. Aussi après de longs et vains efforts pour faire prévaloir ces mesures, et quoique l'usage en fût prescrit dans les actes publics et dans les travaux des diverses administrations, quoique l'enseignement en fût ordonné dans les établissements d'instruction publique, le Gouvernement trouva prudent de tolérer, pour le petit commerce, l'emploi des mesures intermédiaires, déterminées par le décret du 12 février 1812. Ces mesures, comme on le sait, tout en conservant les anciennes dénominations, étaient dans un étroit rapport avec les nouvelles mesures. Mais depuis le 1er janvier 1840, l'usage de tous poids et mesures, autres que les poids et mesures métriques, est interdit sous peine d'amendes.

Si aujourd'hui le système métrique rencontre moins d'adversaires, qu'à l'époque de sa création, nous devons cela à l'état prospère de l'instruction primaire en France, depuis un certain nombre d'années, et notamment depuis la promulgation de la loi sur l'Instruction Primaire. Toutefois, la plupart des personnes qui ont fait un long usage des anciennes mesures, se trouvent embarrassées dans l'emploi des nouvelles : cet embarras existe surtout pour l'emploi des mesures carrées et cubiques qui, pour être bien comprises, exigent le secours de quelques notions de géométrie. On conçoit aussi que cette transition ne peut s'opérer qu'avec la connaissance du rapport exact des anciennes mesures aux nouvelles, parce que ce n'est qu'à l'aide de ce rapport, que s'établissent les prix comparatifs de ces diverses mesures.

Enseignant le système métrique, depuis plusieurs années, aux enfants et aux adultes, je me suis trouvé à portée d'étudier les besoins des uns et des autres, et de reconnaître les obstacles qui s'opposent encore à l'adoption des mesures métriques. C'est dans le but de satisfaire à ces besoins, et de vaincre ces obstacles, que j'ai l'honneur d'offrir cet ouvrage au public.

Il diffère de ceux qui ont été précédemment publiés, et qui ne sont, les uns qu'un simple traité du système métrique, sans applications, et les autres que des tables de comparaison des anciennes mesures en nouvelles et réciproquement, en ce que la théorie très-développée du système métrique, s'y trouve précédée de notions géométriques, propres à en faciliter l'intelligence, et suivie de nombreuses applications, sur chaque espèce de mesure, particulièrement sur les mesures carrées et cubiques, et que les tables de comparaison y sont remplacées par des conversions raisonnées des anciennes mesures en nouvelles, suivies elles-mêmes d'applications, à l'aide desquelles les personnes quelque peu intelligentes, pourront faire elles-mêmes, par un simple calcul, toutes les comparaisons qui leur deviendront nécessaires, sans avoir recours aux tables de comparaison qui, bien appréciées, sont le plus grand obstacle à l'adoption des mesures métriques.

Mon but a été d'être utile, puisse l'accueil me prouver que je ne l'ai pas tenté en vain.

LEGROS.

SIGNES ABRÉVIATIFS.

+ signifie	plus. 5 + 4, se lit 5 plus 4.
—	moins. 9 — 4, se lit 9 moins 4.
×	multiplié par.
$\frac{5}{2}$	5 divisé par 2.
=	égal.
:	est à.
::	comme.
x	terme inconnu.
m.	mètre.
décam.	décamètre.
hectom	hectomètre.
kilom	kilomètre.
myriam	myriamètre.
décim	décimètre.
centim.	centimètre.
millim.	millimètre.
m. c.	mètre carré.
décam. c.	décamètre carré.
m. cub.	mètre cube.
décim. cub.	décimètre cube.
l.	litre.
décal.	décalitre.
gr.	gramme.
hectogr.	hectogramme.
fr.	franc.
c.	centime.

LE

SYSTÈME MÉTRIQUE

DÉVELOPPÉ

PREMIÈRE PARTIE.

NOTIONS DE GÉOMÉTRIE

PROPRES A FACILITER L'INTELLIGENCE ET L'APPLICATION DU SYSTÈME MÉTRIQUE.

Des lignes droites.

1. Différents moyens sont en usage pour le tracé des lignes ; mais quel que soit le moyen employé, il faut toujours, pour tracer une ligne, dans un plan quelconque, partir d'un point et s'arrêter à un autre, et la ligne n'est que la trace laissée sur le papier ou sur tout autre objet, par une plume, un crayon, un tire-ligne, de la craie, etc., qu'on a fait mouvoir d'un point à un autre.

2. Sur les terrains, les lignes se tracent, ou avec un cordeau, quand elles ont un peu d'étendue, ou avec des jalons quand elles se prolongent à une assez grande distance.

3. On appelle *ligne droite*, ou plus simplement *droite, le plus court chemin d'un point à un autre.* Une

ligne se termine par deux points qui en sont appelés les *extrémités*. Ainsi la ligne A B (fig. 1re), est la plus courte distance entre A et B, et les points A et B qui terminent cette ligne, en sont les extrémités.

4. Une ligne telle que A B C D (fig. 2), composée de plusieurs droites, est appelée *ligne brisée*.

DIFFÉRENTES SORTES DE LIGNES DROITES.

5. On appelle *ligne horizontale*, ou simplement *horizontale*, celle que l'on conçoit tracée sur la surface d'une nappe d'eau tranquille.

Une droite, tracée sur un terrain uni ou sur un plan également uni, est *horizontale*. Sur le papier, une droite horizontale se trace dans le sens de l'écriture.

6. On nomme *ligne verticale*, ou simplement *verticale*, celle qui suit la direction d'un fil à plomb.

Nos édifices, la plupart des arbres, etc., sont dans une position verticale : sur le papier, une verticale se trace dans le sens des côtés : un corps qui tombe en obéissant à son poids, décrit, dans l'espace, une *verticale*.

7. On appelle *ligne perpendiculaire*, ou simplement *perpendiculaire*, celle qui, rencontrant une autre droite, n'incline pas plus vers une extrémité que vers l'autre de la droite qu'elle rencontre. Ainsi la droite A B (fig. 3), est perpendiculaire sur C D, et réciproquement C D est perpendiculaire sur A B.

Il ne faut pas confondre la *perpendiculaire* avec la *verticale*; celle-ci n'est perpendiculaire qu'à l'horizontale, tandis que tout autre droite aura sa perpendiculaire, sans pour cela être horizontale.

8. Une ligne est *oblique* à une autre quand, rencontrant cette autre, elle penche plus vers l'une de ses extrémités que vers l'autre, telle est E B, à l'égard de C D (fig. 3). Le point de rencontre B se nomme *pied* de la perpendiculaire ou de l'oblique.

9. Deux droites sont dites *parallèles* quand, tracées dans le même plan, elles suivent toujours la même di rection sans se rapprocher ni se confondre jamais, quelque prolongées qu'on les imagine : les droites A B, C D (fig. 4), sont deux parallèles.

Rien de plus fréquent dans les arts que l'emploi des parallèles ; les sillons tracés par les laboureurs, les allées d'arbres qui bordent une avenue, les digues d'un canal, etc. etc., sont des parallèles.

Des angles.

10. L'espace compris entre deux droites qui se rencontrent en un point qui leur devient commun, s'appelle *angle*. Le point de rencontre des deux droites s'appelle *sommet* de l'angle, et les droites elles-mêmes en sont appelées *les côtés*.

Les angles reçoivent différents noms, selon la position relative de leurs côtés.

1° On appelle *angle droit* (fig. 5), l'angle formé par deux droites perpendiculaires l'une à l'autre, c'est-à-dire qui tombent d'équerre l'une sur l'autre ; la droite A B est perpendiculaire sur B C, et réciproquement B C est perpendiculaire sur A B. — L'angle (fig. 6), plus petit que le droit, est appelé *angle aigu*. — On appelle *angle obtus* (fig. 7), un angle plus grand que l'angle droit.

Remarquons que la grandeur d'un angle ne dépend

pas de la longueur de ses côtés, mais bien de leur inclinaison.

De la ligne courbe.

CIRCONFÉRENCE. — LIGNES TRACÉES DANS LE CERCLE.

11. La ligne circulaire qui limite le cercle, s'appelle *circonférence :* elle se définit : *une courbe dont tous les points qui la composent, sont à égale distance d'un point intérieur, appelé centre.*

La figure 8 est un *cercle.*

Le point O en est le *centre.*

La droite qui joint le cintre O avec l'un des points A de la circonférence, s'appelle *rayon.*

Tous les rayons d'un même cercle sont égaux.

La droite B C, qui joint deux points de la circonférence, en passant par le centre, s'appelle *diamètre.* Le diamètre vaut deux rayons.

Tous les diamètres d'un même cercle sont égaux, et chacun d'eux partage le cercle en deux parties égales.

Toute droite telle que A C qui joint les deux points A et C de la circonférence, sans passer par le centre, est une *corde,* et la courbe ou portion de circonférence correspondante A D C, s'appelle *arc de cercle.*

Enfin, si l'on mène sur une corde A C, un rayon C D perpendiculaire; il partagera la corde en deux parties égales, et la portion I D du rayon, s'appelle *flèche.*

Dans les arts, on fait un grand usage du cercle : les roues des machines, les meules de moulin, les ouvertures des puits, les bassins des jardins, etc. etc, sont des cercles.

GRADUATION DU CERCLE.

12. Toute circonférence, grande ou petite, se divise en 360 parties égales, appelées *degré ;* chaque degré se divise en 60 parties égales, appelées *minutes,* et chaque minute, en 60 *secondes*, le degré se désigne par (°), la minute par (′), et la seconde par (″). Ainsi 14°, 32′, 8″, signifie 14 *degrés*, 32 *minutes*, 8 *secondes.* C'est l'ancienne graduation ; elle est appelée *sexagésimale*, parce que le nombre 60, est le principal diviseur. Il y a une nouvelle graduation, appelée *centésimale.* Dans cette graduation, la circonférence est partagée en 400 parties égales, appelées *grades*, le grade se partage en 100 (′) *minutes*, et la minute en 100 (″) *secondes.* Un angle de 49 *grades* 85 *minutes* 38 *secondes*, s'écrit 49gr. 85′, 38″

Des polygones, et de leur mesure.

DES TRIANGLES.

13. On appelle en général *polygone*, l'espace limité par plusieurs droites qui se coupent deux à deux.

14. Un polygone est dit *régulier*, quand tous ses côtés et tous ses angles sont égaux.

15. Le plus simple de tous les polygones est le *triangle*, ainsi appelé parce que les trois droites qui le limitent forment trois angles.

16. Les triangles prennent différents noms, selon qu'on les considère, soit par rapport à la disposition relative de leurs côtés, soit par rapport à la grandeur des angles.

17. Par rapport à la disposition relative des côtés, on distingue :

1° Le *triangle équilatéral*, dont les trois côtés sont égaux ; 2° Le *triangle isocèle*, qui a deux de ses côtés égaux ; 3° Et le *triangle scalène*, qui a les trois côtés inégaux.

18. Par rapport à la grandeur des angles, on distingue :

1° Le *triangle rectangle* (fig. 9), qui a un *angle droit*. Le côté opposé à l'angle droit, s'appelle *hypothénuse*.

2° Le *triangle obtusangle*, qui a un angle obtus (fig. 10).

3° Le *triangle acutangle*, qui a ses trois angles aigus (fig. 11).

Dans tout triangle, on distingue trois sommets, trois côtés et trois angles.

Des quadrilatères.

19. Tout plan limité par quatre droites, se nomme *quadrilatère*. — On nomme *diagonale* d'un quadrilatère et de tout autre polygone une droite qui, passant par le centre, joint deux angles opposés de ce polygone.

On distingue plusieurs quadrilatères : 1° le *carré* ; 2° le *rectangle* ; 3° le *parallélogramme* ; 4° le *trapèze* ; 5° le *losange*.

Du carré.

20. On nomme *carré* (fig. 12), un quadrilatère qui a ses quatre côtés égaux et ses quatre angles droits. La droite A D est la diagonale du carré.

La forme du carré, à cause de sa régularité, est une de celles que l'on donne le plus souvent aux quadrilatères. Les carreaux qui servent à carreler les vestibules dans la plupart des grands édifices, sont des carrés. On emploie également cette forme dans les lambris, dans les parquets, dans les ornements des portes, dans les balustrades, dans les dessins des papiers de tenture, etc.

21. La surface d'un carré s'obtient *en multipliant par lui-même le nombre d'unités linéaires contenues dans la longueur de l'un de ses côtés.*

Supposons que chaque côté du carré ABCD (fig. 12) soit de 8 mètres, la surface de ce carré sera $8 \times 8 =$ 64 mètres carrés.

Cette proposition devient évidente à l'aide d'un tracé géométrique. En effet, marquons sur le côté AD du carré A B C D (fig. 13) des longueurs égales représentant la longueur du mètre, par les points 1, 2, 3, 4, 5, 6, 7, 8; faisons la même opération sur le côté D C, et par chacun de ces points de division, élevons sur les côtés opposés B C et A B des perpendiculaires, qui, par leurs intersections, diviseront la surface entière du carré A B C D, en 64 carrés égaux d'un mètre de côté, chacun de ces petits carres sera conséquemment *un mètre carré.*

Remarquons que si l'unité de longueur était le décamètre, chacun des carrés ABCD (fig. 12 et 13) aurait pour sa surface 64 *décamètres carrés* ou *ares.*

Du rectangle.

22. On appelle *rectangle* ou vulgairement *carré-long* (fig 14), un quadrilatère dans lequel chaque côté est

égal et parallèle au côté qui lui est opposé et tombe d'équerre sur les côtés voisins. — Les quatre angles du rectangle sont quatre angles droits.

Le rectangle est de tous les quadrilatères, celui dont on fait le plus fréquent usage. Les murs, les planchers, les couvertures de nos appartements ont ordinairement pour surface un rectangle : les portes, les fenêtres les cadres, les lambris, etc., ont également pour faces des rectangles. — On en fait aussi un usage fréquent dans l'arpentage.

23. *La surface d'un rectangle, s'obtient en multipliant la base par la hauteur.*

Supposons à la base B C du rectangle A B C D (fig. 14) une longueur de 6 décam. 85 et à la hauteur A D 3 décam. la surface du rectangle sera 6 décam. 85 × 3 décam. = 20 décam. carrés, 55 mètres carrés, ou 20 ares, 55 centiares.

Du parallélogramme.

24. On appelle *parallélogramme* (fig 15), un quadrilatère dont chaque côté est égal et parallèle au côté qui lui est opposé, mais ne tombe pas d'équerre sur les côtés voisins.

Le parallélogramme trouve de fréquentes applications dans les arts : les feuilles ou frises des parquets en point de Hongrie sont des parallélogrammes. Lorsqu'une rampe est composée de simples barreaux, l'espace compris entre deux barreaux consécutifs, le limon et la main courante, est un parallélogramme.

25. *La surface d'un parallélogramme s'obtient en multipliant la longueur de l'une des bases par la hauteur.*

Prenons pour base du parallélogramme (fig. 15), le côté D C auquel nous supposons 7 décamètres, 24 de longueur; la hauteur de ce parallélogramme sera la perpendiculaire menée entre les deux bases D C et A B et à laquelle nous supposons une longueur de 3 décamètres, 57 décimètres, la surface du parallélogramme sera conséquemment 7 décam. 24 × 3 décam. 57 = 25 décamètres carrés, 85 mètres carrés, ou 25 ares, 85 centiares.

SURFACE DES TRIANGLES.

26. Quelle qu'en soit la forme, tout triangle *a pour mesure, la moitié du produit de sa base par sa hauteur.* La hauteur d'un triangle, est la *perpendiculaire* menée du sommet sur la base.

Supposons que la base B C du triangle rectangle (fig. 9), soit de 8 mètres, et sa hauteur A B de 10^{m}. 25, la surface de ce triangle, sera $\frac{10^{m}\,25 \times 8}{2} = 41$ mètres carrés.

Dans le triangle obtusangle (fig. 10), on ne peut pas abaisser de perpendiculaire du sommet dans l'intérieur du triangle; dans ce cas, on prolonge la base comme l'indique la figure, et on abaisse une perpendiculaire sur le prolongement de cette base, laquelle étant supposée être de 7^{m} 75 et la hauteur 9^{m}, la surface du triangle sera $\frac{7^{m}\,75 \times 9}{2} = 34$ mètres carrés 87.

Dans le triangle acutangle (fig. 11) la hauteur A D du triangle étant supposée être de 8^{m} 25, et la base de 12^{m} 78 la surface sera $\frac{12^{m}\,78 \times 8^{m}\,25}{2} = 52$ mètres carrés 75 décimètres carrés.

Remarquons qu'au lieu de multiplier la base d'un

triangle par la hauteur et de prendre la moitié du produit on arriverait au même résultat, si l'on multipliait la base par la moitié de la hauteur, ou la hauteur par la moitié de la base.

Du losange.

27. On appelle *losange* (fig. 16), un quadrilatère dont les quatre côtés sont égaux sans que les angles soient droits.

Le losange trouve une fréquente application dans les arts à cause de la régularité de ses côtés ; on l'emploie dans les papiers de tenture, dans les dessins des étoffes, dans la serrurerie, dans la menuiserie, etc.

28. Pour avoir la superficie d'un losange, il faut : *mener les diagonales* B D *et* A C *qui se coupent en un point* O, *multiplier le nombre d'unités linéaires que contient l'une d'elles, par la moitié du nombre d'unités linéaires que contient l'autre*. Ainsi, par exemple, si la diagonale BD contient $8^{m}25$, la diagonale AC qui lui est égale, contiendra aussi $8^{m}25$. Conformément à la règle donnée, je prends la moitié de 8^{m} 25 qui est 4^{m} 13, je multiplie 8^{m} 25 par 4^{m} 13, le produit 34^{m}c. 073 est la surface demandée.

Du trapèze.

29. On appelle *trapèze* (fig. 17), un quadrilatère qui a deux de ses côtés seulement parallèles. Les deux côtés parallèles, portent le nom de *bases*, distinguées en grande et en petite. Ainsi A B, est la petite base du trapèze A B C D, et C D, la grande. La hauteur d'un trapèze, est la perpendiculaire commune aux deux bases, conséquemment, la droite E F, est la hauteur du trapèze.

30. Le trapèze est appelé *rectangulaire* quand un de ses côtés non parallèles est perpendiculaire aux deux bases ; alors ce côté en mesure la hauteur. La figure 18 est un trapèze rectangulaire.

31. *La surface d'un trapèze, s'obtient en multipliant la demi-somme des côtés parallèles, par la hauteur.*

Ainsi, pour avoir la surface du trapèze (fig. 17), j'ajoute $18^m\,75$ à $11^m\,87$, le total est $30^m\,66$, dont la moitié est $15^m\,33$, que je multiplie par 8^m ; le produit ou surface demandée, est 122 mètres carrés 64.

La surface du trapèze (fig. 18), sera $\frac{15^m\,25 + 11^m\,41}{2} \times 8^m\,50 =$ 213 mètres carrés 30.

Des polygones réguliers.

32. Les polygones réguliers de plus de quatre côtés, prennent des noms particuliers; chacun selon le nombre de ses côtés.

Déjà nous connaissons le triangle équilatéral et le carré qui sont les seuls polygones réguliers, l'un de trois côtés et l'autre de quatre. Au delà, viennent le *pentagone*, qui a cinq côtés ; l'*hexagone*, qui en a six ; l'*heptagone*, qui en a sept ; l'*octogone*, qui en a huit ; l'*ennéagone*, qui en a neuf, le *décagone*, qui en a dix ; le *duodécagone*, qui en a douze ; et le *pentédécagone*, qui en a quinze. Ce sont les seuls polygones réguliers, qui aient reçu des noms particuliers.

SURFACE DES POLYGONES RÉGULIERS.

33. Si l'on joint deux à deux, tous les sommets opposés d'un polygone régulier par des diagonales, la surface entière du polygone, sera divisée en autant de triangles isocèles égaux, que le polygone a de côtés;

chacun de ces triangles aura son sommet au centre même du polygone, point où toutes les diagonales se coupent, conséquemment, la hauteur qui pourra être regardée comme commune à tous les triangles, sera la perpendiculaire abaissée du centre du polygone, sur le milieu de l'un de ses côtés, lequel côté sera pris pour base du triangle. Or, la surface de chaque triangle, est égale au produit de sa base par la moitié de la hauteur; donc la surface de tous les triangles contenus dans le polygone, ou ce qui est la même chose, la surface du polygone entier, sera le produit de son contour ou périmètre, par la moitié de la perpendiculaire abaissée de son centre, sur le milieu de l'un de ses côtés, laquelle perpendiculaire est appelée l'*apothème* du polygone.

Il résulte de cette démonstration, que tout polygone régulier, peut être considéré comme un rectangle qui aurait pour longueur le contour même du polygone, et pour hauteur la moitié de l'apothème.

Cela étant, proposons-nous de trouver la surface de l'hexagone régulier (fig. 19).

Solution. Supposons à chacun des côtés de l'hexagone donné, une longueur de 7 centimètres, et à la perpendiculaire O D, 6 centim. 5, le contour, ou longueur développée du polygone, sera $6 \times 7 = 42$ cent. nombre qui, multiplié par 3 centim. 25, moitié de la perpendiculaire O D, donne pour produit, ou surface de l'hexagone, 136 centim. carrés 5, ou 1 décim. carré, 36 centim. carrés 5 dixièmes.

SURFACE DU CERCLE.

34. Le cercle étant considéré en géométrie, comme un polygone régulier d'une infinité de côtés, *sa surface*

est égale au produit de la circonférence par le quart du diamètre ou la moitié du rayon.

Ainsi un cercle qui a 24 mètres de circonférence et 8 mètr. 28 de diamètre, aura pour surface, 2 mètr. 07, quart du diamètre × 24 = 49 *mètres carrés* 68.

Mais il peut arriver dans la pratique que, connaissant la circonférence, on ne puisse pas mesurer le diamètre ; ou bien que, connaissant le diamètre, on ne puisse pas mesurer la circonférence : ces deux cas, ayant été prévus, des savants se sont occupés à chercher un rapport approximatif, entre le diamètre et la circonférence d'un cercle.

Ainsi, Archimède a trouvé que le diamètre d'un cercle, est à sa circonférence, comme 7 est à 22, ou que la circonférence est au diamètre, comme 22 est à 7.

Ce rapport, sans être d'une très-rigoureuse approximation, est adopté dans les arts et dans les états industriels, à cause de son extrême simplicité.

Un autre rapport plus exact, est celui qu'on attribue à Adrien Métius : selon ce savant, la circonférence d'un cercle, est à son diamètre, comme 355 est à 113, ou le diamètre est à la circonférence, comme 113 est à 355.

On pourra employer l'un ou l'autre de ces deux rapports, selon qu'on voudra obtenir une exactitude plus ou moins rigoureuse.

Proposons-nous de trouver la surface du cercle (fig. 20), qui a 9 mètres de diamètre, et dont la circonférence est inconnue.

Solution. — Prenons le rapport d'Archimède, la

2

circonférence cherchée sera le 4e terme de la proportion $7 : 22 :: 9 : x$, d'où $x = \frac{22 \times 9}{7} = 28^m\ 285$. La circonférence trouvée, il ne reste plus qu'à multiplier le nombre qui la représente, c'est-à-dire $28^m\ 285$, par 2^m 25, quart du diamètre 9, pour avoir la surface demandée que l'on trouvera être de 63 m. c. 64 décim. c.

Avec le rapport d'Adrien Métius, le cercle auquel nous supposons 9 mètres de diamètre, aurait pour circonférence, $28^m\ 274$, et sa surface serait 63 m. c. 61 décim. c., il y aurait donc une différence en moins de 3 décimètres carrés.

Proposons-nous actuellement de trouver la surface d'un cercle qui a 40 mètr. 75 de circonférence, et dont il n'est pas possible de trouver graphiquement le diamètre.

Solution. Prenant le rapport d'Archimède, le diamètre cherché, serait le 4e terme de la proportion $22 : 7 :: 40^m\ 75 : x$, d'où $x = \frac{40^m\ 75 \times 7}{22} = 12^m$ 96. Le diamètre étant 12 mètr. 96, la moitié du rayon ou quart du diamètre, sera 3 mèt. 24, la surface du cercle, sera conséquemment 40 m. 75 × 3 m. 24 = 132 m. c. 03.

VOLUME DES CORPS LES PLUS SIMPLES.

35. On appelle *volume* ou *solide*, tout ce qui a les trois dimensions : *longueur*, *largeur*, *épaisseur* ou *profondeur*.

Du cube.

36. On appelle *cube* (fig. 21), *un solide dont les six faces sont des carrés égaux*. Un dé à jouer, est un cube.

37. Le volume d'un cube, s'obtient en multipliant l'un par l'autre, les trois nombres qui représentent les trois dimensions : *longueur*, *hauteur* et *épaisseur*.

Supposons que chacun des trois côtés A B, B C, B D, du cube (fig. 21), ait 4 mètr. de longueur, le volume de ce cube sera 4 m. $\times$ 4 m. $\times$ 4 m. = 64 mètres cubes.

En effet, puisque la longueur et la largeur du cube sont chacune de 4^m, la surface de la base du cube est de $4^m \times 4^m = 16$ mètres carrés. Si, sur chacun de ces 16 mètres carrés, on élève un cube, on formera une tranche de 16 mètres cubes. Or le cube contiendra 4 tranches pareilles, car la hauteur de cette tranche, est de 1 mètre, et la hauteur du cube, est de 4 mètres. Le volume du cube contient donc 4 fois 16 mètres cubes, ou 64 mètres cubes.

Si l'on avait un cube dont chaque côté ait 4 m. 15 de longueur, le volume de ce cube serait 4 m. 15 $\times$ 4 m. 15 $\times$ 4 m. 15 = 71 m. cub. 472375, ou 71 m. cub. 472 déc. cub. 375 cent. cubes.

Du parallélipipède.

38. On appelle *parallélipipède*, un corps dont les six côtés sont des rectangles (fig. 22). On peut s'en faire une idée assez exacte par un coffre, une caisse, etc.

39. *Pour obtenir le volume d'un parallélipipède*, on multiplie l'une par l'autre les trois arêtes qui concourent à un même point, ou autrement, le volume d'un parallélipipède est égal au produit de la surface de la base multipliée par la hauteur.

Evaluons le volume du parallélipipède (fig. 22).

Soit A C = 0^m 74, C D = 1^m 18, et D B = 0^m 24 multipliant l'une par l'autre, ces trois dimensions, on aura pour résultat 0 m. cub. 209568, ou 209 d. cub. 568 cent. cub. 40.

Remarque. — Les bois équarris, sont des parallélipipèdes que l'on évalue en multipliant la surface de la base par la hauteur, ou les 3 arêtes qui aboutissent à un même point. Soit une pièce de bois de 2^m 45 de longueur, sur 0^m 36 d'équarrissage, je multiplie 0^m 36 par 0^m 36, j'ai pour produit 0 m. c. 1296 que je multiplie par 2^m 45, j'obtiens pour le volume de la pièce de bois, 0 m. cub. 317520, ou 317 déc. cub. 520 cent. cubes.

Du prisme.

41. *Le prisme est un corps dont les bases opposées sont des polygones égaux, et les faces latérales, des parallélogrammes.*

Son volume s'obtient, en multipliant *la surface de la base par la hauteur*, c'est-à-dire par la perpendiculaire abaissée de la base supérieure, sur la base inférieure, ou sur son prolongement.

Pour mesurer la base, il faut la diviser en triangles que l'on évaluera comme on l'a vu ci-devant *(mesures des surfaces)*, en multipliant la base de chaque triangle par la moitié de la hauteur. La base du prisme, est évidemment composée de la réunion des triangles du polygone. Il ne restera plus, pour avoir le volume du prisme, qu'à multiplier la somme des surfaces de ces triangles, ou la surface de la base, par la hauteur du prisme.

Supposons que la surface de la base du prisme (fig. 23), soit de 3 m. c. 75 et sa hauteur de 4^m 25, son volume sera exprimé par 3 m. c. 75 $\times$ 4^{m} 25, ou 15 m. cub. 9375.

De la pyramide.

42. On appelle *pyramide* (fig. 24), *un solide, qui a pour base, un polygone quelconque, et pour côtés, des triangles dont les sommets se réunissent tous en un point commun, nommé sommet de la pyramide.*

43. Pour avoir le volume d'une pyramide, *on multiplie la surface de la base, par le tiers de la hauteur;* c'est-à-dire par le tiers de la perpendiculaire qui indique la hauteur.

On évalue la base, en la divisant en triangles; on mesure les triangles, et on multiplie la somme des bases, par le tiers de la hauteur.

Supposons que la surface de la base de la pyramide (fig. 24), soit de 0 m. c. 2585, et sa hauteur de 2^{m} 75, son volume sera exprimé par 0^{m} 93, tiers de la hauteur; 2^{m} 75, $\times$ 0 m. c. 2585 $=$ 0 m. cub. 240405, ou 240 décim. cub., 405 cent. cub.

Remarquons que la pyramide, est le tiers d'un prisme qui a même base et même hauteur.

Du cylindre.

44. On nomme *cylindre* (fig. 25), *un corps terminé par deux cercles égaux.* Un tuyau de poêle est un cylindre.

45. Le volume d'un cylindre, s'obtient en *multipliant la surface de la base par la hauteur.*

Ainsi, pour avoir le volume d'un cylindre, il s'agit d'abord de trouver la surface du cercle qui lui sert de base, et de multiplier ensuite cette surface par la hauteur.

Supposons à la hauteur du cylindre (fig. 25), 12^m 23, et à la surface du cercle qui lui sert de base, 0 m. c. 3217 ; son volume sera exprimé par 0 m. c. 3217 $\times$ 12^m 23 $=$ 3 m. cub., 934 d. cub., 391 c. cub.

Du cône.

46. On appelle *cône* (fig. 26), *un corps qui a pour base un cercle*. Un pain de sucre est un *cône*.

47. Le volume d'un *cône est égal au produit de la surface de sa base multipliée par le tiers de la hauteur*.

Soit le cône (fig. 26), un pain de sucre dont le cercle qui sert de base a 15 centimètres de diamètre, et dont la hauteur a 27 centimètres.

Pour avoir la surface du cercle qui sert de base au pain de sucre, il faut d'abord chercher la circonférence qui sera le 4e terme de la proportion 7 : 22 :: 15 : x, d'où $x = \frac{22 \times 15}{7} =$ 0 m. 47; multipliant ensuite la circonférence 47 centimètres par 3 c. 75, quart du diamètre 15 centim., le produit 176 centim. c. 25, est la surface demandée.

Multipliant enfin 176 cent. c. 25 par 9 cent., tiers de la hauteur du pain de sucre, le produit ou le volume demandé, se trouve être 1586 cent. cub., 25, ou 1 décim. cub., 586 cent. cub. 25.

Remarquons que le cône est le tiers d'un cylindre, ayant même base et même hauteur.

Du cône tronqué.

48. *Le cône tronqué* (fig. 27), *est un cône auquel on a*

retranché la partie supérieure parallèlement à la base.

49. Pour obtenir le volume d'un cône tronqué, *il faut prendre le rayon de chacune de ses bases, les ajouter et quarrer leur somme, retrancher leur produit, et multiplier le reste par le tiers de la hauteur, et le tout par l'une des fractions* $\frac{22}{7}$ ou $\frac{355}{113}$.

Supposons que le cône tronqué (fig. 27), ait 40 c. de diamètre à sa base supérieure, et 48 centimètres à sa base inférieure et que sa hauteur soit de 36 centim. Faisons le calcul indiqué ci-dessus.

Base supér. Diamètre 40 cent. Rayon 0m 20. . . . . . . 0m 20
Base infér. Diamètre 48 cent. Rayon 0m 24. . . . . . . 0m 24

Somme des rayons. 0m 44   80
0m 44   40

176 Prod. des ray. 0m c. 0480
176

Carré de la somme des rayons 0m. c. 1936
Produit des rayons. . . . . . . 0m c. 0480

Différence. . . . . 0m. c. 1456
Tiers de la hauteur du cône. . 0m 12

2912
1456

0m. cub. 017,472

$\times \frac{22}{7}$. 22

34944
34944 | 7

0m. cub. 384384 | 54912
34
63
08
14

On trouve pour résultat, 54 d. cub., 912 c. cubes. Le calcul du cône tronqué est très-employé dans les arts : les cuves, les baquets, les chaudières, se rapportent au cône tronqué.

De la sphère

50. *La sphère est un corps rond, dont tous les points de la surface sont à égale distance d'un point intérieur, qu'on appelle centre de la sphère.*

51. Le volume de la sphère, s'obtient *en multipliant le rayon par lui-même, et le produit encore par le rayon; puis en multipliant ce dernier résultat par les* $\frac{4}{3}$ *de la fraction* $\frac{355}{113}$ *c'est-à-dire par la fraction* $\frac{1420}{339}$.

Une sphère a 0m 48 de diamètre, ou 0 24 de rayon, quel est son volume? Réponse, 0 m. cub. 057,905.

OPÉRATION.

0m 24	0, 013824	
0m 24	1420	
96	27648	
48	55296	
0, 0576	13824	339
0, 24	19,630080	0,057905
2304	2680	
1152	3070	
0m. cub. 013824	1980	
	285	

Le volume de cette sphère, est de 57 décim. cub., 905 centim. cubes.

DEUXIÈME PARTIE.

SYSTÈME MÉTRIQUE DÉVELOPPÉ
ET APPLIQUÉ AUX BESOINS LES PLUS ORDINAIRES DE LA VIE.

Bases du système métrique.

52. Le *système métrique* a été évalué sur le globe terrestre.

A l'aide des calculs les plus rigoureux de la géométrie et de l'astronomie, les savants désignés par le gouvernement français, pour chercher les bases d'un *système uniforme* de poids et mesures pour toute la France, mesurèrent l'arc du méridien qui traverse la France, et de leur opération, fut conclue la distance du pôle à l'équateur, ou le quart du contour de la terre qui est de 5,130,740 toises.

Cette distance, qui est réellement l'unité primitive, a été divisée ensuite un certain nombre de fois par 10, afin d'avoir des mesures de longueur de différentes grandeurs.

La centième partie de l'unité primitive, a été appelée *degré décimal ;* c'est une mesure géographique, appelée aussi *degré centigrade*, ou simplement *centigrade* dans la nouvelle graduation du cercle.

Les *millième* et *dix millième* parties sont des *mesures itinéraires*.

La *millionième* partie, a été trouvée propre à la mesure des terrains.

Enfin, la *dix millionième partie*, forme une mesure très-commode qui a reçu le nom de MÈTRE. *C'est l'unité des mesures de longueur et la base de tout le système.*

Continuant la division par 10, on a obtenu les parties décimales du mètre, qui forment des mesures propres à l'évaluation des petites longueurs.

Les mesures de *superficie* se forment en prenant le carré du mètre et de ses multiples et sous-multiples.

Les mesures de *volume*, ou de *solidité*, se forment en prenant *le cube* du mètre et de ses sous-multiples.

Un vase de forme *cubique*, ayant pour côté la *dixième partie du mètre*, ou un vase cylindrique, égal en contenance, a été choisi pour la vente des grains et des boissons en détail. Cette mesure a reçu le nom de *litre.*

La quantité d'eau distillée, contenue dans un vase cubique, ayant pour côté la centième partie du mètre et pesée dans le vide à la température de la glace fondante, donne un poids qui a été appelé *gramme.*

Les pièces de monnaie sont basées sur les nouveaux poids ; le *franc*, pèse en argent, 5 grammes et en pièce de cuivre, 200 grammes.

Ainsi, tout le système métrique repose sur les deux bases suivantes :

1° *L'unité fondamentale est la distance du pôle à l'équateur ;*

2° *Le nombre* 10, *est le diviseur commun.*

53. L'étalon de chaque espèce de mesure étant trouvé, on décida que les multiples de toutes ces mesures seraient pris, en suivant la progression décimale, comme

la plus conforme au système de numération moderne.

Les mesures *dix, cent, mille, dix mille* fois plus grandes que celles qui ont reçu le nom primitif, sont désignées par l'addition des noms numériques *déca, hecto, kilo, myria*, empruntés du grec, et signifiant *dix, cent, mille, dix mille.*

Les mesures *dix, cent, mille* fois plus petites que l'unité primitive, se désignent par l'addition des noms numériques *déci, centi, milli*, tirés du latin, et signifiant *dixième, centième, millième.*

Tous ces noms numériques, se placent avant les noms primitifs, et deviennent ainsi des noms propres, dans chaque classe de mesures.

Ainsi, par exemple, en ajoutant le mot mètre que nous connaissons, à chacun de ces noms numériques, il en résultera le tableau suivant :

NOMS.	VALEUR NUMÉRIQUE.
MYRIAMÈTRE.	10,000 mètres.
KILOMÈTRE	1,000 mètres.
HECTOMÈTRE.	100 mètres.
DÉCAMÈTRE	10 mètres.
MÈTRE, UNITÉ PRINCIPALE.	
DÉCIMÈTRE	10e partie du mètre.
CENTIMÈTRE.	100e partie du mètre.
MILLIMÈTRE.	$1,000^{e}$ partie du mètre.

Différentes sortes de mesures.

54. Pour les besoins les plus ordinaires de la vie, on peut avoir à mesurer :

1° La *longueur* ou *distance.*

2° La *surface* ou *superficie*.
3° Le *volume* ou *solidité*.
4° La *contenance* ou *capacité*.
5° La *pesanteur*.
6° Le *prix* ou *valeur d'appréciation*.
7° La *durée* ou *temps*.

De là, sept sortes de mesures.

CHAPITRE Ier.

MESURES DE LONGUEUR.

55. Mesurer une longueur, c'est la comparer à une autre longueur prise comme *unité*, ou *terme de comparaison*.

Les longueurs ont des mesures proportionnées à leur étendue : ces mesures sont le *mètre*, ses multiples et ses sous-multiples.

Du mètre.

56. Le mètre, dont la longueur égale celle de la *dix millionième* partie du quart du méridien, qui passe à Paris, est l'*unité des mesures de longueur;* (1) il con-

(1) Une règle en platine, déposée aux archives du royaume, conserve, d'une manière inaltérable, la longueur du mètre. C'est le modèle, ou l'étalon, d'après lequel doivent être construites toutes les mesures dont on fait usage en France. La longueur de l'étalon, doit être prise à la température de la glace fondante ; c'est-à-dire, quand le thermomètre marque zéro (°). Car, à une chaleur plus forte, la règle serait plus longue que le mètre, et à une température plus froide, la règle serait plus courte.

tient 3 pieds, 0 pouce, 11 lignes, 296 millièmes de ligne *(3 pieds-métriques)*. Cette mesure, remplace l'aune, pour le mesurage des étoffes, cordages, etc.; et la toise pour l'évaluation des ouvrages de *maçonnerie*, *charpenterie*, *menuiserie*, *plafonnerie*, *peinture*, *etc.*

Multiples du mètre.

57. Les multiples du mètre, sont des *mesures de dix en dix fois plus grandes que le mètre.*

Ces mesures sont :

1° Le *décamètre*, dont la longueur est de 10 mètres. Cette mesure, est figurée sous forme de chaîne : les arpenteurs s'en servent pour mesurer la longueur et la largeur des terrains ; elle est égale à la *millionième* partie de la distance du pôle à l'équateur, et remplace les mesures anciennes, connues sous le nom de *perche*, *verge*, etc. Il n'y a pas de mesure effective pour les longueurs plus grandes que le décamètre.

2° L'*hectomètre*, longueur de 10 décamètres, ou 100 mètres : cette mesure, peu usitée, est égale à la *cent millième partie* de la distance du pôle à l'équateur.

3° Le *kilomètre*, dont la longueur égale 1000 mètres. Le kilomètre est une mesure itinéraire, qui répond à peu près à un quart de lieue de poste ancienne, sa longueur est la dix *millième* partie de la distance du pôle à l'équateur. Les kilomètres sont marqués sur les routes, par des bornes placées à 1000 mètres de distance les unes des autres.

4° Le *myriamètre*, mesure itinéraire dix fois plus grande que le kilomètre. Sa longueur qui est de 10000 mètres, égale la millième partie de la distance du pôle à l'équateur.

Sous-multiples du mètre.

58. Les sous-multiples du mètre, appelés ordinainairement *mesures linéaires, sont des mesures qui sont de dix en dix fois plus petites que le mètre.*

Ces mesures sont :

1° Le *décimètre*, 10e partie du mètre.

2° Le *centimètre*, 100e partie du mètre.

3° Le *millimètre*, 1000e partie du mètre.

Description des mesures effectives de longueur.

59. On évalue les longueurs, à l'aide des mesures suivantes :

1° Le MÈTRE EN BOIS, divisé en décimètres et en centimètres. — Le premier décimètre porte les millimètres. Le cinquième centimètre de chaque décimètre est indiqué par un trait plus grand que les autres. — Les décimètres portent les nombres 10, 20, 30, 40, 50, 60, 70, 80, 90, 100, qui indiquent les centim.

2° Le MÈTRE EN MÉTAL, divisé en décimètres, centimètres et millimètres. — On l'emploie lorsqu'on a besoin d'une grande précision. C'est une règle en cuivre que l'on tient enfermée dans un étui.

3° Le MÈTRE PLIANT, en buis ou en baleine, formé de dix pièces de 1 décimètre chacune, se repliant les unes sur les autres. C'est un instrument de poche.

4° Le DEMI-MÈTRE EN BOIS, divisé en décimètres et en centimètres.

5° Le DOUBLE MÈTRE EN BOIS, divisé en décimètres et en centimètres.

6° Le DOUBLE DÉCIMÈTRE EN BUIS, divisé en centimètres et en millimètres. Il sert aux mesures précises et au dessin géométrique.

7° La CHAINE D'ARPENTEUR ou DÉCAMÈTRE. C'est une chaîne en fer ou en cuivre, formée de 50 chaînons ou tiges rectilignes de deux décimètres de longueur, réunis entre eux par des anneaux. Les mètres sont indiqués, ou par des anneaux plus grands que les autres, ou en métal d'une autre couleur. La chaîne est terminée par deux poignées qui font partie du décamètre.

Numération des mesures de longueur.

60. Pour écrire en chiffres les nombres qui expriment les mesures de longueur, quelle que soit celle de ces mesures que l'on prenne pour unité, on écrit d'abord le nombre entier qui exprime les unités principales, puis à la droite, la fraction décimale, séparée des entiers par une virgule, au-dessus de laquelle on met la lettre initiale de la mesure ou de l'unité.

Ainsi, le nombre 76^{m} 025, signifie 76 mètres 25 millimètres. — 45$^{\text{décam.}}$ 8, signifie 45 décamètres 8 mètres. — 78$^{\text{kilom.}}$ 48, signifie 78 kilomètres 48 décamètres. — 28$^{\text{décam.}}$ 45, signifie 28 décim. 45 millimètres.

Comparaison des mesures de longueur.

61. Les mesures de longueur forment, à partir de la plus haute unité, une progression (1) dans laquelle chaque unité est 10 fois plus petite que celle qui précède et 10 fois plus grande que celle qui suit. D'après cela (2) :

		MYRIAM.	KILOM.	HECTOM.	DÉCAM.	MÈTRES.	DÉCIMÈTR.	CENTIM.	MILLIMÈTR.
Un MYRIAMÈTRE	vaut	1,	10,	100,	1000,	10000,	100000,	1000000,	10000000,
Un KILOMÈTRE		0,1	1,	10,	100,	1000,	10000,	100000,	1000000,
Un HECTOMÈTRE		0,01	0,1	1,	10,	100,	1000,	10000,	100000,
Un DÉCAMÈTRE		0,001	0,01	0,1	1,	10,	100,	1000,	10000,
Un MÈTRE		0,0001	0,001	0,01	0,1	1,	10,	100,	1000,
Un DÉCIMÈTRE		0,00001	0,0001	0,001	0,01	0,1	1,	10,	100,
Un CENTIMÈTRE		0,000001	0,00001	0,0001	0,001	0,01	0,1	1,	10,
Un MILLIMÈTRE		0,0000001	0,000001	0,00001	0,0001	0,001	0,01	0,1	1,

Le tableau ci-contre, facilitera la conversion des mesures de longueur, d'espèces inférieures, en mesures d'espèces supérieures et réciproquement, opération fréquente dans les calculs des nombres représentant les mesures métriques.

1° CONVERSION DES MESURES DE LONGUEUR D'ESPÈCES INFÉRIEURES, EN MESURES D'ESPÈCES SUPÉRIEURES (*).

62. Pour convertir les mesures de longueur d'espèces inférieures en mesures d'espèces supérieures, on avance la virgule d'autant de rangs *vers la gauche*, qu'il y a d'unités secondaires décimales entre les deux mesures énoncées.

Soit proposé de réduire 58746 *décamètres, en myriamètres.*

Du décamètre au myriamètre, il y a trois unités secondaires décimales, savoir : l'hectomètre, le kilomètre et le myriamètre ; je dis qu'il faut avancer la virgule de trois rangs vers la gauche, pour convertir les décamètres en myriamètres. — En effet :

Puisque 1 hectomètre vaut 10 décamètres, il faudra 10 fois moins d'hectomètres que de décamètres, pour exprimer la même longueur, par conséquent, en avançant la virgule d'un rang vers la gauche, le

(1) On appelle *progression*, une suite de grandeurs croissantes ou décroissantes.

(2) On n'a jamais à comparer les premières unités avec les dernières ; on ne les a réunies toutes dans le même tableau, que pour montrer l'uniformité des rapports décimaux qu'elles ont entre elles.

(*) Nous entendons, par *unités supérieures*, les multiples de l'unité principale, et par *unités inférieures*, les sous-multiples de l'unité principale.

nombre donné exprimera des hectomètres et des parties d'hectomètre ; car si d'un côté le nombre est rendu 10 fois plus petit, d'un autre côté, il exprime des unités 10 fois plus grandes, il y a donc compensation.

Ainsi, 58746 *décamètres, valent* 5874 *hectomètres* 6.

De même, en avançant la virgule d'un second rang vers la gauche, le nombre représentera des kilomètres ; car si d'un côté, il est de nouveau rendu 10 fois plus petit, d'un autre côté encore, il représente des unités 10 fois plus grandes, et il y a toujours compensation.

Ainsi, 58746 *décam., valent* 5874 *hectom.* 6, *ou bien* 587 *kilom.* 46.

De même enfin, en avançant la virgule d'un troisième rang vers la gauche, le nombre représentera des myriamètres.

Donc, 58746 *décam., valent* 58 *myriam.* 746.

Pour faire rapidement cette conversion, on porte successivement la virgule d'un rang, puis de deux rangs, puis de trois rangs vers la gauche, en nommant à chaque déplacement, l'unité secondaire que l'on obtient ; ainsi, en montrant le 6, on dit : *décamètres*, en montrant le 4, on dit : *hectomètres*, et on continue de cette manière, jusqu'à ce que l'on arrive à l'unité demandée.

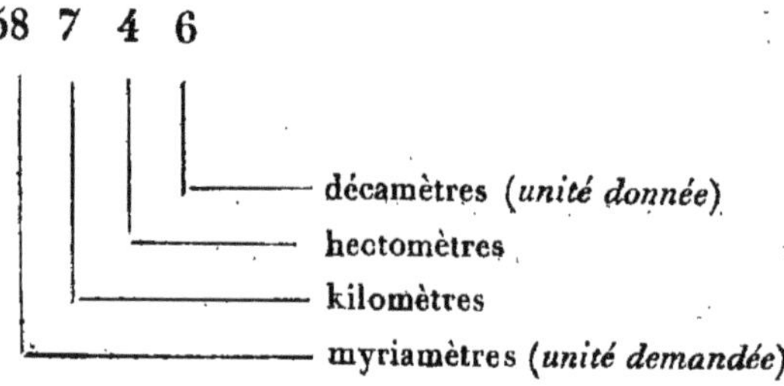

2° CONVERSION DES MESURES DE LONGUEUR D'ESPÈCES SUPÉRIEURES EN MESURES D'ESPÈCES INFÉRIEURES.

63. Pour convertir les mesures de longueur d'espèces supérieures, en mesures d'espèces inférieures, on recule la virgule d'autant de rangs vers la droite, qu'il y a d'unités secondaires décimales, comprises entre les deux mesures énoncées.

Soit à réduire 458 *hectom.* 8674 *en décimètres.*

De l'hectomètre au décimètre, il y a trois unités secondaires décimales, on reculera donc la virgule de trois rangs vers la droite; et, à chaque déplacement de la virgule, on dira :

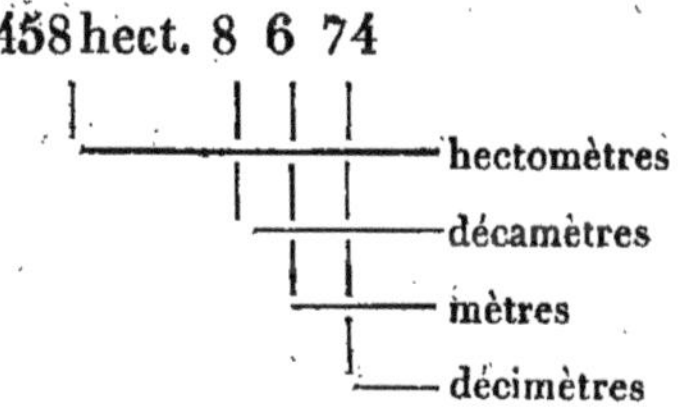

Donc, 458 *hectom.* 8674, *valent* 458867 *décim.* 4.

Soit proposé de convertir 85 *décamètres en centimètres.*

Du décamètre au centimètre, il y a trois unités secondaires décimales, en conséquence, on reculera la virgule de trois rangs vers la droite; mais comme nous n'avons pas ici de fractions décimales du décamètre, il nous suffira d'ajouter trois zéros à la suite du nombre proposé, et de considérer ces zéros comme représentant des parties décimales du décamètre.

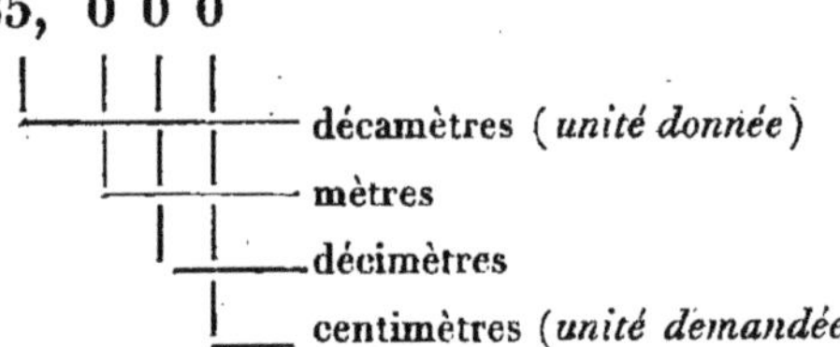

Donc, 85 décam., valent 85000 *centimètres.*

64. Il résulte de cette dernière démonstration, que pour convertir un nombre d'unités entières, en un ordre d'unités 10, 100, 1000, etc., fois plus faibles, il suffira d'écrire à la droite du nombre proposé, 1, 2, 3 etc., zéros. Ainsi, pour convertir 4 hectomètres en mètres, on écrira 400^{m}, parce que le mètre est 10 fois plus petit que l'hectomètre. Le nombre 400, est 100 fois plus grand que le nombre 4; mais les unités que représente le nombre 400 sont 100 fois plus petites que celles représentées par le nombre 4, il y a don compensation, et 4 *hectomètres, valent exactement* 400 *mètres.*

Ce principe est général, et comme tel applicable toute espèce de mesure décimale.

CHAPITRE DEUXIÈME.

MESURES DE SUPERFICIE OU SURFACE.

65. On entend par *surface* ou *superficie* (termes synonimes en géométrie), une étendue en longueur et

largeur, ou longueur et hauteur, sans profondeur ni épaisseur.

66. L'unité des mesures de superficie, est un carré dont chaque côté a un mètre linéaire de longueur et qui est appelé, pour cette raison, *mètre carré*. Cette mesure reçoit le nom de *centiare*, lorsqu'on l'emploie dans la mesure des terrains.

Le carré a été choisi pour unité des mesures de superficie, comme étant la mesure la plus simple et la plus commode, puisqu'à bien prendre, le carré n'a qu'une seule dimension.

On dit en arithmétique, qu'on élève un nombre à son carré, quand on multiplie ce nombre par lui-même : ainsi, multiplier 8 par 8, c'est élever 8 à son carré qui est 64. Former le carré d'une ligne, c'est, en géométrie, tracer un carré dont chaque côté ait une longueur égale à la ligne donnée.

67. Il existe entre la formation des nombres carrés et celle des surfaces carrées, une analogie qu'il est très-nécessaire de connaître, pour l'intelligence des mesures de superficie, et la numération des nombres qui les représentent.

Soit la droite A B égale à un centimètre ; formons sur cette droite, un carré A B C D, ce sera un *centimètre carré*, prolongeons la droite A B d'une quantité B E égale à A B, et formons sur ces deux centimètres de longueur, un carré A E O K ; la surface de ce nou-

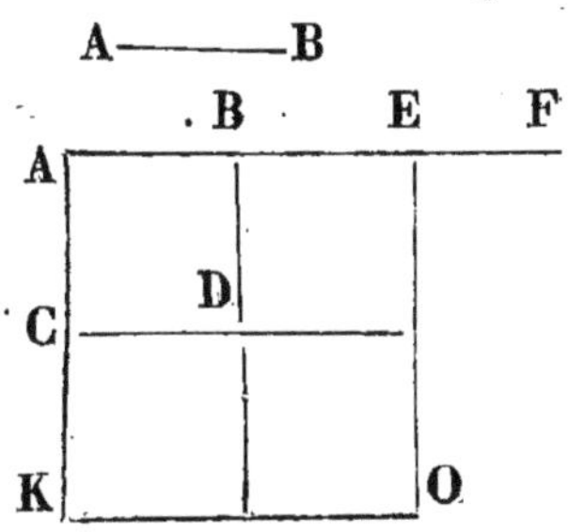

A———B

B E F
A
D
C
K O

veau carré, en contiendra quatre égaux au premier A B C D. Sur une droite A F de 3 centimètres, le carré que l'on construirait, en contiendrait neuf égaux à A B C D. Sur une droite de 5 centimètres, le carré construit en contiendrait 25; et enfin, sur une droite de 10 centimètres, le carré construit contiendrait 100 carrés égaux à A B C D.

Remarquons aussi, que le carré de 1 est 1 × 1 = 1, que le carré de 2 est 2 × 2 = 4, le carré de 3 est 3 × 3 = 9, le carré de 5 est 5 × 5 = 25, et qu'enfin, le carré de 10 est 10 × 10 = 100.

68. Cela étant, on comprendra facilement que les *multiples du mètre carré étant des carrés, dont les côtés sont des longueurs qui sont entre elles de 10 en 10 fois plus grandes, ces carrés doivent être de cent en cent fois plus plus grands que le mètre carré lui-même.*

Multiples du mètre carré.

69. Les multiples du mètre carré sont :

1° Le *décamètre carré*, qui est un carré dont chaque côté a dix mètres de longueur et dont la surface contient 100 mètres carrés. Ce carré a reçu le nom d'*are*, c'est l'unité des mesures agraires.

2° L'*hectomètre carré*, qui est un carré dont chaque côté a 10 décamètres ou 100 mètres de longueur, et qui contient conséquemment 100 décamètres carrés ou 10000 mètres carrés. L'hectomètre carré est l'*hectare*. (*Voir Mesures agraires*).

3° Le *kilomètre carré*, qui est un carré dont chaque côté a 1000 mètres de longueur, et qui contient conséquemment 1000000 mètres carrés. C'est une mesure géographique et topographique.

4° Et le *myriamètre carré*, qui est un carré dont chaque côté a 10000 mètres de longueur, et qui contient conséquemment 1000000000 mètres carrés. C'est aussi une mesure géographique et topographique.

Sous-multiples du mètre carré.

70. Pour comprendre que les *sous-multiples du mètre carré, sont des carrés qui sont de cent en cent fois plus petits que le mètre carré ;* supposons que le carré A B C D

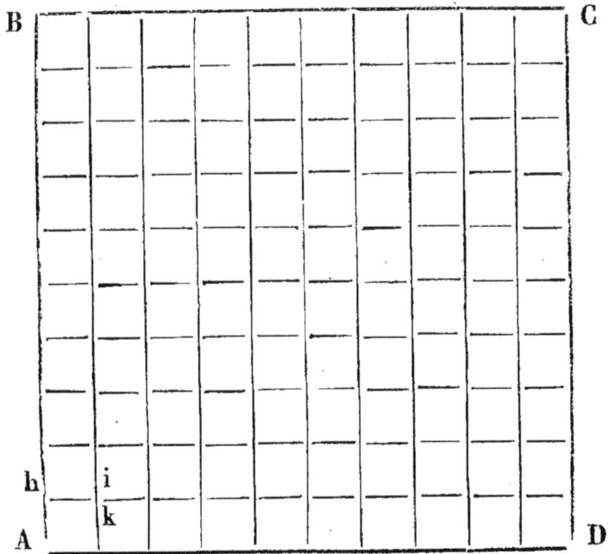

soit réellement un mètre carré, divisons les côtés

contigus A B et A D, chacun en dix parties égales, et par les points de division, menons des perpendiculaires sur ces côtés : la surface du *mètre carré*, contiendra 100 petits carrés égaux à A h i k, ayant chacun un décimètre de côté. Ces petits carrés seront, par conséquent, des décimètres carrés.

On démontrerait de même, que le décimètre carré vaut 100 centimètres carrés, et que le centimètre carré vaut 100 millimètres carrés.

Donc :

Le *décimètre carré*, ou carré d'un décimètre de côté, est la centième partie du mètre carré.

Le *centimètre carré*, ou carré d'un centimètre de côté, est la centième partie du décimètre carré, ou la *dix millième* du mètre carré.

Le *millimètre carré*, ou carré d'un millimètre de côté, est la 100e partie du centimètre carré, ou la millionième du mètre carré.

On voit que la surface d'un mètre carré, peut être évaluée en *décimètres carrés*, en *centimètres carrés*, et en *millimètres carrés*.

71. De tout ce qui précède, il résulte que les mesures de *surface* ou de *superficie* forment, à partir de la plus haute unité, une progression dans laquelle

chaque unité est 100 fois plus petite que celle qui précède, et 100 fois plus grande que celle qui suit.

D'après cela :

		MYRIAM. CARRÉS.	KILOM. CARRÉS.	HECT. carrés ou hectares.	DÉCAM. carrés ou ARES	MÈTRES carrés ou CENTIARES.	DÉCIM CARRÉS.	CENT. CARRÉS.	MILLIM. CARRÉS.
Un MYRIAMÈTRE CARRÉ	vaut	1,	100,	10000,	1000000,	100000000,	»	»	»
Un KILOMÈTRE CARRÉ		0,01	1,	100,	10000,	1000000,	»	»	»
Un HECTOM. C. OU HECTARE		0,0001	0,01	1,	100,	10000,	»	»	»
Un DÉCAM. CARRÉ OU ARE		0,000001	0,0001	0,01	1,	100,	»	»	»
Un MÈTRE C. OU CENTIARE		0,00000001	0,000001	0,0001	0,01	1,	100,	10000,	1000000,
Un DÉCIMÈTRE CARRÉ		»	»	»	»	0,01	1,	100,	10000,
Un CENTIMÈTRE CARRÉ		»	»	»	»	0,0001	0,01	1,	100,
Un MILLIMÈTRE CARRÉ		»	»	»	»	0,000001	0,0001	0,01	1,

72. Remarquons que pour représenter, par un nombre décimal, une surface composée de plusieurs mètres carrés, plusieurs centimètres carrés, etc., par exemple : de 28 mètres carrés, 7 décimètres carrés, 9 centim. carrés, on devra écrire 28 m. c. 07 décim. c. 09 centim. c., parce que le décimètre carré est la centième partie du mètre carré, et que le centimètre carré est la centième partie du décimètre carré, ou la *dix millième* partie du mètre carré.

Mesures agraires.

73. On comprend sous la dénomination de *mesures agraires*, celles des mesures de superficie spécialement employées à la mesure des terrains.

L'unité des mesures agraires, est un carré d'un décamètre ou 10 mètres de côté : ce carré a reçu le nom d'*are* ou *perche métrique ;* il contient 100 mètres carrés ou *centiares.*

Le *centiare* est la seule mesure carrée sous-multiple de l'*are*, parce qu'une surface de terrain, cent fois plus petite que le centiare, ne vaudrait pas la peine d'être évaluée.

L'*are*, n'a aussi pour unique multiple que l'*hectare*, qui est un carré de dix décamètres ou 100 mètres de côté, et qui contient 100 *ares* ou 10000 *centiares.*

Ainsi les seules mesures agraires sont : l'*hectare*, l'*are* et le *centiare*, qui suivent entre elles la *progression centésimale.*

Mesures de grande superficie.

74. Pour mesurer les surfaces considérables, telles

que la surface de la France, de l'Europe, celle de la terre etc., on emploie :

1° Le *kilomètre carré*, qui vaut 100 hectomètres carrés ou hectares.

2° Le *myriamètre carré*, qui vaut 100 kilomètres carrés.

Ces mesures, comme on l'a vu précédemment, sont appelées *mesures géographiques topographiques*.

Conversion des mesures de superficie, d'espèces inférieures en mesures d'espèces supérieures, & réciproquement.

75. 1° Pour convertir les mesures de surface d'espèces inférieures, en mesures d'espèces supérieures, on avance la virgule d'autant de fois *deux rangs vers la gauche*, qu'il y a d'unités secondaires décimales entre les deux mesures énoncées.

Soit à réduire 8436078 *millimètres carrés en mètres carrés ou centiares.*

Du millimètre carré au mètre carré, il y a trois unités secondaires décimales, savoir : le *centimètre carré*, le *décimètre carré* et le *mètre carré* ou *centiare*, je dis qu'il faut avancer la virgule de trois fois *deux rangs* vers la gauche, pour convertir les millimètres carrés en mètres carrés ou centiares.

En effet :

Puisque le centimètre carré vaut 100 millimètres carrés, il faudra 100 fois moins de centimètres carrés, que de millimètres carrés pour exprimer la même surface ; ainsi, en divisant le nombre donné par 100, c'est-à-dire, en avançant la virgule de deux rangs vers la gauche, le nombre exprimera des centimètres carrés et des parties de centimètre carré. Donc, 8436078 *millimètres carrés*, valent 84360 *centimètres carrés* 78. Avançant de nouveau la virgule de deux fois *deux rangs* vers la gauche, on aura d'abord 84360 *centimètres carrés* 78, = 843 *décimètres carrés* 6078, et enfin, 843 *décimètres carrés* 6078, = 8 *mètres carrés* 436078 ou bien 8 *centiares* 436078.

Pour faire rapidement cette conversion, on porte successivement la virgule de deux rangs, puis de quatre, et enfin de six rangs vers la gauche, en nommant à chaque déplacement l'unité secondaire qu'on obtient. Ainsi on dit :

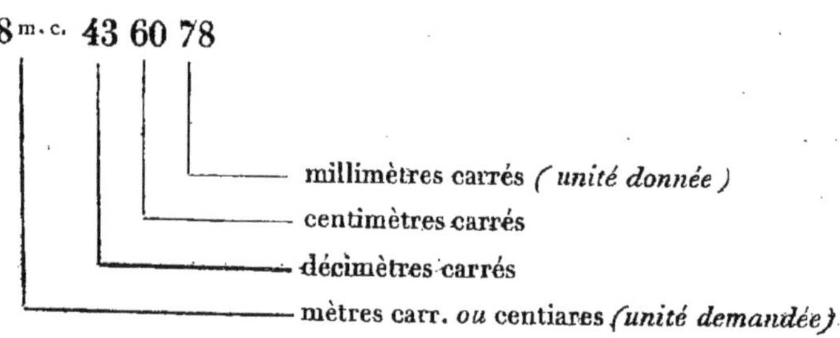

Convertir 4878674 *centim. carrés en décam. carrés ou ares.*

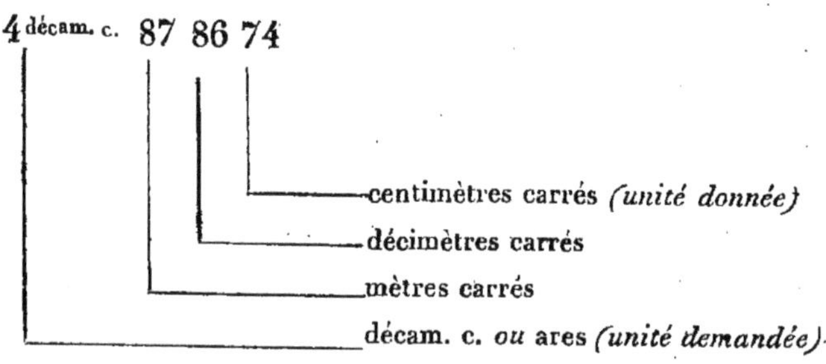

Donc 4878674 *centim. carrés valent* 4 *décam. carrés* 878674 *ou* 4 *ares*, 87 *centiares* 8674.

2° On démontrerait de même que :

Pour convertir les mesures de surface d'espèces supérieures en mesures d'espèces inférieures, on recule la virgule d'autant de fois *deux rangs* vers la droite qu'il y a d'unités secondaires décimales, comprises entre les deux mesures énoncées.

Soit à réduire 54 m. c. 468 en *millimètres carrés.*

Du mètre carré au millimètre carré, il y a trois unités secondaires décimales, on reculera donc la virgule de trois fois deux, ou six rangs vers la droite.

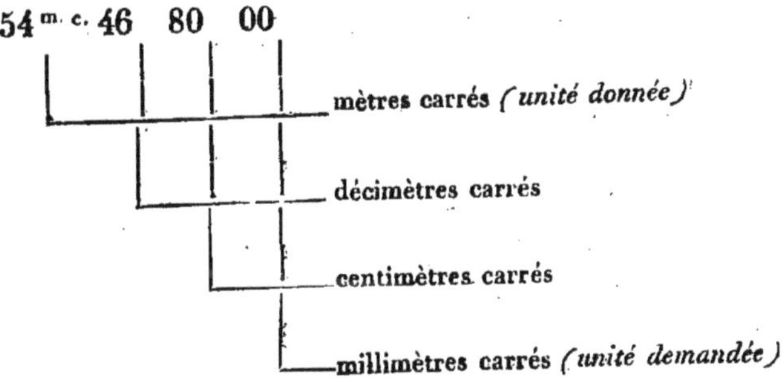

Donc 54 m. c. 468, *valent* 54468000 *millim. carrés.*

CHAPITRE III.

—

MESURES DE VOLUME OU SOLIDITÉ.

76. On appelle *volume* d'un corps la place que ce corps occupe dans l'espace.

77. L'unité des mesures de volume est le *mètre cube ;* c'est un cube dont chaque côté a un mètre de longueur, et dont chaque face a un mètre carré de surface.

78. Les sous-multiples du mètre cube sont :

1° Le *décimètre cube*, c'est un cube dont chaque côté a un décimètre de longueur, et dont chaque face est un décimètre carré.

2° Le *centimètre cube*, qui est un cube dont chaque côté a un centimètre de longueur, et dont chaque face est un centimètre carré.

3° Le *millimètre cube*, qui est un cube dont chaque côté a un millimètre de longueur, et dont chaque face est un millimètre carré.

On dit en arithmétique qu'on élève un nombre à son cube lorsqu'on multiplie ce nombre deux fois par lui-même : Ainsi multiplier 3 par 3, puis le produit par 3, c'est élever 3 à son cube qui est 27.

Former le cube d'une ligne, c'est, en géométrie, tracer un cube, dont chaque côté ait une longueur égale à la ligne donnée.

79. Il existe entre la formation des nombres cubiques et celle des volumes cubiques, une analogie qu'il est indispensable de connaître pour l'intelligence des mesures de volume et la numération des nombres qui les représentent.

Soit la droite A B (fig. 29) égale à 1 centimètre ; formons sur cette droite un cube A B c d e f g h, ce cube sera un centimètre cube.

Si, sur une droite C D, de deux centimètres, nous

formons un autre cube, ce nouveau cube en contiendra huit égaux au premier A B c d e f g h.

Sur une droite E F de 3 centimètres, le cube que l'on construirait en contiendrait 27 égaux au premier A B c d e f g h.

Sur une droite de 5 centimètres, le cube construit en contiendrait 125, et enfin, sur une droite de 10 centimètres, le volume du cube construit contiendrait 1000 cubes égaux au premier A B c d e f g h.

Remarquons aussi que le cube de 1, est $1 \times 1 \times 1 = 1$; que le cube de 2, est $2 \times 2 \times 2 = 8$; que le cube de 3, est $3 \times 3 \times 3 = 27$; que le cube de 5, est $5 \times 5 \times 5 = 125$; et qu'enfin, le cube de 10, est $10 \times 10 \times 10 = 1000$.

Cela étant, on comprendra facilement que les mesures de volume ou solidité ayant pour côtés des longueurs qui sont entre elles de 10 en 10 fois plus grandes, ou de 10 en 10 fois plus petites, les volumes de ces mesures doivent être de 1000 en 1000 fois plus grands ou de 1000 en 1000 fois plus petits. C'est-à-dire qu'il faut 1000 mesures d'un ordre quelconque pour en faire une d'un ordre immédiatement supérieur.

80. Pour rendre ce principe plus évident, imaginons un cube en bois ou en pierre dont le volume soit exactement égal à 1 mètre cube ; divisons les trois côtés qui aboutissent à un même sommet, chacun en 10 parties égales, et par les points de division, faisons passer dans le sens de la hauteur neuf coupes horizontales, notre mètre cube sera divisé en 10 parties égales, ayant chacune 1 mètre de long, 1 mètre de large et 1 décimètre de haut ; chaque morceau sera un

dixième de mètre cube, mais ne sera pas un cube, ce sera un *parallélipipède*.

Laissons ces dix morceaux, empilés les uns sur les autres, et faisons passer dans le sens de la longueur, neuf coupes verticales, notre mètre cube sera partagé en 100 parties égales ayant chacune 1 mètre de long sur 1 décimètre de haut et un décimètre de large; chaque morceau sera un *centième de mètre cube*, mais ne sera pas un cube, ce sera un *prisme*.

Enfin, si laissant en un même faisceau cubique ces 100 volumes rectangulaires, on fait passer neuf traits de scie dans le sens de l'épaisseur, le mètre cube sera partagé en 1000 petits corps cubiques, tous égaux, ayant un décimètre carré sur chaque face. Ces petits cubes seront par conséquent des *décimètres cubes*.

Donc 1 mètre cube = 1000 décimètres cubes, et le nombre 1000 est aussi le cube de 10.

Cela posé, si nous faisons subir à 1 décimètre cube les mêmes opérations qu'au mètre cube, nous le verrons égal à 1000 centimètres cubes; de même, nous trouverons le centimètre cube égal à 1000 millimètres cubes.

Ainsi le décimètre cube est la *millième partie* du mètre cube, le centimètre cube en est la *millionième partie*, et le millimètre cube, la *billionième partie*.

81. Le mètre cube n'a pas de multiples, parce que le plus simple aurait déjà un volume de 1000 mètres cubes. On conçoit qu'une telle mesure serait trop considérable pour servir de terme de comparaison, quelque soit d'ailleurs la masse à évaluer en mètres cubes.

Le mètre cube et ses subdivisions, servent à mesurer le volume des pierres, du bois en grume ou équarri, les travaux de terrassement, etc., etc.

Du stère.

82. Pour mesurer le bois de chauffage, on emploie :

1° Le *stère* qui n'est autre chose que le mètre cube.

2° Le *décastère* qui vaut 10 stères.

3° Le *décistère* qui est la 10e partie du stère.

4° Le *centistère* qui est la 100e partie du stère et la 10e du décistère.

Ces deux dernières mesures sont plus spécialement employées à la mesure des bois de charpente.

Puisque le stère est un mètre cube, il suffit pour avoir un stère de bois de couper les bûches d'un mètre de longueur et de les empiler dans un cadre ou membrure d'un mètre de *couche* ou de *base* et d'un mètre de *hauteur*.

83. Pour plus de célérité et de justesse, les marchands de bois sont tenus d'avoir des cadres d'un *stère* et d'un *double stère*. Sur les ports et dans les chantiers, où l'on a à mesurer des quantités de bois considérables, indépendamment du stère et du double stère, on emploie aussi des cadres d'un *décastère*. Le cadre appelé *décastère*, a dix mètres de base ou de couche et un mètre de hauteur.

84. Quand la bûche n'a pas exactement un mètre de longueur, il faut donner plus ou moins de hauteur

à la mesure, afin que le calcul des trois dimensions produise un mètre cube.

(Voir ci-après : *Usage des mesures de bois de chauffage et de construction.*)

85. Le ***décastère***, le ***décistère*** et le ***centistère***, ne sont pas des cubes. — On peut s'en faire une idée en les considérant comme des corps de six faces ***rectangulaires*** appelés ***parallélipipèdes rectangles*** et présentant les dimensions suivantes :

DÉCASTÈRE	10 mètres de long. 1 mètre de large. 1 mètre de haut.		
DÉCISTÈRE	1 mètre de long. 1 mètre de large. 1 décim. de haut.	*ou bien*	1 mètre de long. 5 décim. de large. 2 décim. de haut.
CENTISTÈRE	1 mètre de long. 1 mètre de large. 1 centim. de h.	*ou bien*	1 mètre de long. 1 décim. de large. 1 décim. de haut.

Comparaison des mesures cubiques.

86. Les mesures cubiques forment, à partir de la plus haute unité, une progression dans laquelle chaque unité est 1000 fois plus petite que celle qui précède, et 1000 fois plus grande que celle qui suit.

D'après cela :

		MÈTRE CUBE.	DÉCIMÈTRES CUBES.	CENTIMÈTR. CUBES.	MILLIMÈTRES CUBES.
Un MÈTRE CUBE	vaut	1,	1000,	1000000,	1000000000,
Un DÉCIMÈTRE CUBE		0,001	1,	1000,	1000000,
Un CENTIMÈTRE CUBE		0,000001	0,001	1,	1000,
Un MILLIMÈTRE CUBE		0,000000001	0,000001	0,001	1,

87. Pour représenter, par un nombre décimal, un volume composé de plusieurs mètres cubes, plusieurs décimètres cubes, plusieurs centimètres cubes, etc., par exemple : de 4 mètres cubes, 15 décimètres cubes, 8 centimètres cubes, on devra écrire 4 mètres cubes, 015 décimètres cubes, 008 centimètres cubes, parce que le décimètre cube est la 1000e partie du mètre cube, et que le centimètre cube est la 1000e partie du décim. cube, ou la millionième partie du mètre cube.

Conversion des mesures de volume, d'espèces inférieures, en mesures d'espèces supérieures, et réciproquement.

88. 1° Pour convertir les mesures de volume, d'espèces inférieures, en mesures d'espèces supérieures, on avance la virgule d'autant de fois *trois rangs* vers la gauche, qu'il y a d'unités secondaires décimales comprises entre les deux mesures énoncées.

Soit à convertir 48750000 *millimètres cubes, en mètres cubes.*

Du millimètre cube au mètre cube, il y a trois unités secondaires décimales, savoir : le centimètre cube, le décimètre cube et mètre cube ; je dis qu'il faut avancer la virgule de 3 fois *trois rangs* vers la gauche, pour convertir les millimètres cubes en mètres cubes.

En effet :

Puisque 1 centimètre cube vaut 1000 millimètres cubes, il faudra moins de centimètres cubes que de millimètres cubes, pour exprimer le même volume. Par conséquent en divisant le nombre donné par 1000, c'est-à-dire en avançant la virgule de trois rangs vers la gauche, le nombre donné exprimera des centimètres cubes.

Ainsi 48750000 *millim. cubes, valent* 48750 *centim. cubes.*

De même, en avançant de nouveau la virgule de 3 rangs vers la gauche, le nombre exprimera des décim. cubes.

Ainsi 48750000 *millim. cubes, valent* 48750 *centim. cubes; ou bien* 48 *décim. cubes* 75.

Enfin, en avançant encore la virgule de 3 rangs vers la gauche, le nombre exprimera des mètres cubes ou des parties de mètre cube.

Ainsi 48750000 *millim. cubes, valent* 48750 *centim. cubes, ou bien* 48 *décim. cubes* 75, *ou enfin* 0 *m. c.* 04875 *cent millièmes de mètre cube.*

Pour faire rapidement cette conversion, on porte successivement la virgule de 3 rangs, puis de 6, et enfin de 9, vers la gauche, en nommant à chaque déplacement l'unité secondaire que l'on obtient. Ainsi on dit :

0 m. cub. 048 750 000

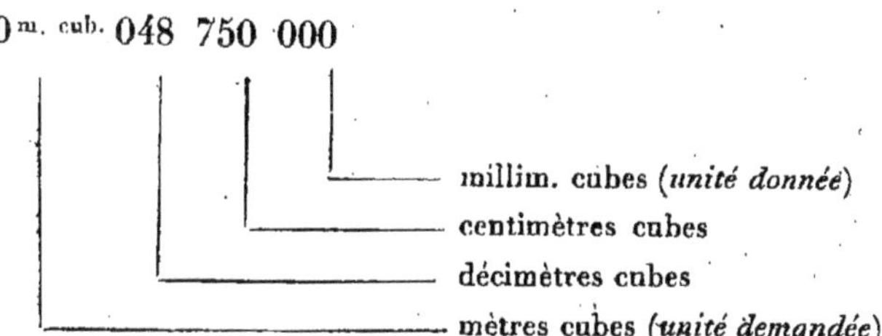

On démontrerait de même, que :

89. Pour convertir les mesures de volume, d'espèces supérieures, en mesures d'espèces inférieures, on

recule la virgule d'autant de fois *trois rangs* vers la droite, qu'il y a d'unités secondaires décimales, comprises entre les deux mesures énoncées.

Soit à convertir 1 *m. cub.* 25 *en centim. cubes.*

Du mètre cube au centimètre cube, il y a deux unités secondaires décimales. On reculera donc la virgule de deux fois trois rangs vers la droite, et à chaque déplacement on dira :

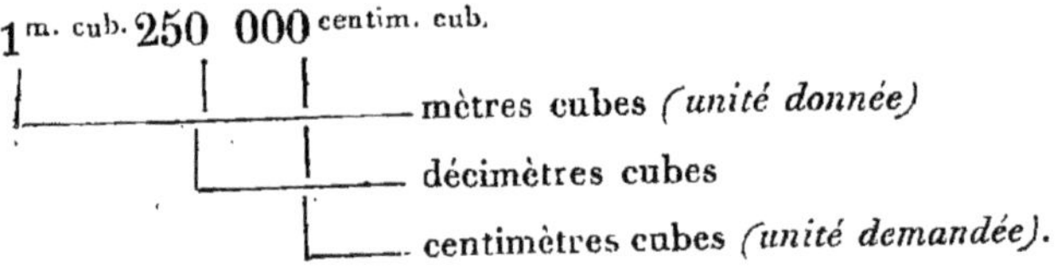

CHAPITRE IV.

MESURES DE CAPACITÉ OU CONTENANCE.

90. On entend par *capacité* la propriété, qu'a un corps creux, de pouvoir contenir un autre corps.

91. L'unité des mesures de capacité, est un corps creux contenant un *décimètre cube*, et dont tous les côtés ou parois intérieurs ont un décimètre carré. Cette mesure a reçu le nom de *litre*. On l'emploie pour le mesurage des graines, des farines, des liquides, etc.

Le cube étant moins commode que le cylindre pour les usages des mesures de capacité, on a préféré donner à ces mesures la forme cylindrique.

92. Les mesures de capacité se trouvent en rapport avec le mètre par le volume.

Multiples et sous-multiples du litre, comparés avec les mesures de solidité.

		contenance.		volume.
KILOLITRE	mesure de	1000 litres	égale	1000 décim. cubes *ou* 1 mètre cube.
HECTOLITRE		100 litres		100 decimètres cubes.
DÉCALITRE		10 litres		10 décimètres cubes.
LITRE		1 litre		1 décim. cube *ou* 1000 centim. cub.
DÉCILITRE		10e du litre		100 centimètres cubes.
CENTILITRE		100e du litre		10 centimètres cubes.
MILLILITRE		1000e du litre		1 centimètre cube.

93. Les multiples du litre, sont des mesures qui sont de dix en dix fois plus grandes que le litre ; et ses sous-multiples sont des mesures, de dix en dix fois plus petites.

Dans la pratique, on ne fait pas usage de mesures plus petites que le *centilitre*, ni plus grandes que l'*hectolitre* ; la loi tolère les mesures intermédiaires, qui sont les moitiés et les doubles des précédentes.

Toutes les mesures décimales sont usitées ; mais le *litre*, le *kilolitre* et le *millilitre*, sont les seules mesures cubiques.

Celles qui sont destinées au mesurage des liquides, sont des cylindres d'étain, d'une hauteur double du diamètre.

DIAMÈTRES ET HAUTEURS DES MESURES POUR LES GRAINS.

L'hectolitre	503 millim.	1
Le demi-hectolitre	399,	3
Le double décalitre	294,	2
Le décalitre	233,	5
Le demi-décalitre	185,	3
Le double litre	136,	6
Le LITRE	108,	4
Le demi-litre	86,	0
Le double décilitre	63,	4
Le décilitre	50,	3

DIAMÈTRES ET HAUTEURS DES MESURES POUR LES LIQUIDES.

	diamètre.		hauteur.	
Le LITRE	86 millim.	0	172 millim.	0
Le demi-litre	68,	3	136,	6
Le double décilitre	50,	3	100,	6
Le décilitre	39,	9	79,	9
Le demi-décilitre	31,	7	63,	4
Le double centilitre	23,	4	46,	7
Le centilitre	18,	5	37,	7

94. Les mesures de contenance forment, à partir de la plus haute unité, une progression dans laquelle chaque unité est dix fois plus petite que celle qui précède, et dix fois plus grande que celle qui suit. **D'après cela :**

		KILOLITRE.	HECTOL.	DÉCAL.	LITRES.	DÉCILITRES.	CENTILITR.	MILLITRES.
Un KILOLITRE	vaut	1,	10,	100,	1000,	10000,	100000,	1000000,
Un HECTOLITRE		0,1	1,	10,	100,	1000,	10000,	100000,
Un DÉCALITRE		0,01	0,1	1,	10,	100,	1000,	10000,
Un LITRE		0,001	0,01	0,1	1,	10,	100,	1000,
Un DÉCILITRE		0,0001	0,001	0,01	0,1	1,	10,	100,
Un CENTILITRE		0,00001	0,0001	0,001	0,01	0,1	1,	10,
Un MLLILITRE		0,000001	0,00001	0,0001	0,001	0,01	0,1	1,

Le rapport entre les mesures de capacité étant *décimal*, comme dans les mesures de longueur, la numération est absolument la même que celle de ces dernières mesures.

Conversion des mesures de capacité, d'espèces inférieures, en mesures d'espèces supérieures et réciproquement.

95. 1° Pour convertir les mesures de capacité, d'espèces inférieures, en mesures d'espèces supérieures, on avance la virgule d'autant de rangs *vers la gauche*, qu'il y a d'unités secondaires décimales entre les deux mesures énoncées.

Soit à réduire 487578 *centilitres en hectolitres.*

Du centilitre à l'hectolitre, il y a quatre mesures secondaires décimales, savoir : le décilitre, le litre ; le décalitre et l'hectolitre ; il faut donc avancer la virgule de quatre rangs vers la gauche, pour convertir des centilitres en hectolitres.

Même démonstration et même méthode que pour les mesures de longueur.

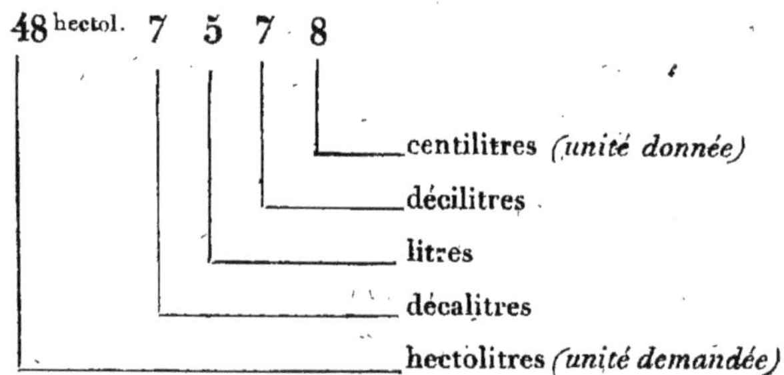

Ainsi 487578 *centilitres, valent* 48 *hectol.* 7578.

96. 2° Pour convertir les mesures de capacité, d'espèces supérieures, en mesures d'espèces inférieures, on recule la virgule d'autant de rangs *vers la droite*, qu'il y a d'unités secondaires décimales, entre les deux mesures énoncées.

Soit à réduire 41 *hectol.* 65 *en centilitres.*

De l'hectolitre au centilitre, il y a quatre unités secondaires décimales, il faudra donc reculer la virgule de quatre rangs vers la droite, pour convertir des hectolitres en centilitres. On trouvera ainsi, que 41 *hectol.* 65 *valent* 416500 *centilitres.*

Conversion du mètre cube et de ses sous-multiples, en multiples et sous-multiples du litre, et réciproquement.

97. Pour convertir le mètre cube et ses sous-multiples en multiples et sous-multiples du litre, et réciproquement, il faut se rappeler que :

Le *millilitre*, n'est autre chose que le centim. cube.

Le *litre*, n'est autre chose que le décimètre cube.

Le *kilolitre*, n'est autre chose que le mètre cube.

Convertir 45876757 *centimètres cubes en hectolitres.*

458 hectol. 76 757

centim. cub. *ou* millilitres *(unité donnée)*

décimètres cubes *ou* litres

hectolitres *(unité demandée)*

Donc, 45876757 *centimètres cubes, valent* 458 *hectol.* 76757.

Convertir 125 *hectol.* 60, *en centimètres cubes.*

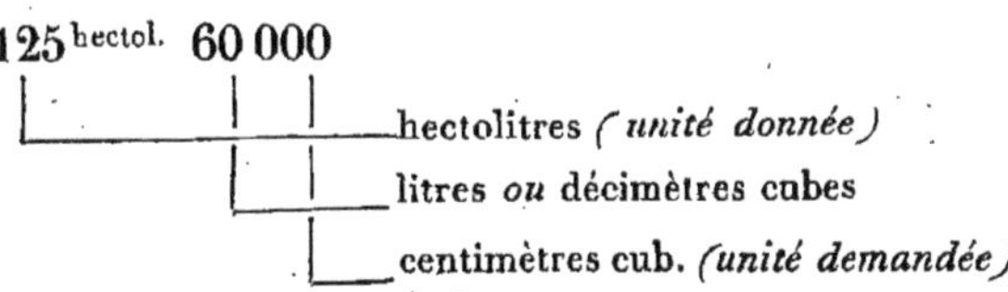

Donc, 125 *hectol.* 60, *valent* 12560000 *centim. cubes.*

CHAPITRE V.

POIDS OU MESURES DE PESANTEUR.

98. *Mesurer le poids d'un corps*, c'est comparer l'effort qu'il fait pour tomber avec l'effort que fait un autre corps que l'on a pris comme *unité*, ou *terme* de *comparaison*.

99. Nous avons vu, qu'avec l'unité de longueur, on a d'abord formé : 1° l'*unité de superficie*, qui est un carré ayant pour côté l'unité de longueur ; 2° l'*unité de volume*, ayant aussi pour côté l'unité de longueur ; 3° l'*unité de capacité*, qui est un vase cubique, ayant pour côté le dixième de l'unité de longueur.

100. Pour former l'*unité de poids*, il a fallu déterminer deux choses :

1° *Choisir* une *substance* dont le poids pût être comparé au poids de toutes les autres substances.

2° Fixer le volume de cette substance, dont le poids pût donner l'unité de poids.

La substance que l'on a choisie, est l'eau, parce que l'on peut s'en procurer partout, et qu'il est très-facile de l'obtenir à son état de pureté.

Le *volume* que l'on a choisi, est le *centimètre cube*, parce que le poids d'un centimètre cube d'eau, étant divisé par 1000, donne le plus petit poids dont on ait besoin de faire usage. Ce volume a reçu le nom de *gramme* (*).

Le gramme est donc le poids d'un centimètre cube d'eau.

Mais, pour que le centimètre cube d'eau pèse exactement un gramme, il a fallu le soumettre aux conditions suivantes :

1° *L'eau doit être distillée.* Pour qu'un volume d'eau ait toujours le même poids, il faut que cette eau soit toujours dans le même état de pureté ; or, pour obtenir l'eau parfaitement pure, il suffit de la *distiller*, c'est-à-dire, de lui faire subir une opération, par laquelle on la dégage de toutes les matières étrangères qu'elle peut contenir.

Le gramme est donc le poids d'un centimètre cube d'eau distillée.

2° *L'eau doit être prise à un degré de chaleur qui soit toujours le même.* Pour que le centimètre cube d'eau ait toujours le même poids, il faut que l'eau dont on le remplit, ait toujours le même degré de chaleur. En effet, aussitôt que l'eau s'échauffe, elle se gonfle, son volume augmente, et si le vase était exactement plein avant qu'on ne le fît chauffer, une partie de l'eau, devenue chaude, s'en échappera, et le poids se trouvera diminué. Au contraire, lorsque l'eau se refroidit, toutes ses parties se rapprochent les unes des autres, son vo-

---

(*) *Le gramme étant trop petit, c'est le kilogramme qui a été déposé aux archives du Royaume, comme le régulateur de tous les poids en France. Ce poids étalon, est un cylindre en platine, dont la hauteur égale le diamètre. Il pèse comme un décimètre cube d'eau distillée, à 4 degrés de température.*

lume diminue, et si le vase qui les contient, était exactement plein avec de l'eau chaude, il ne sera plus plein avec la même eau quand elle sera froide. Il faudra donc y verser de la nouvelle eau pour le remplir, et le poids se trouvera augmenté.

3° *L'eau doit être prise à 4 degrés de température du thermomètre centigrade.* A 4 degrés, l'eau a plus de poids qu'à tout autre degré. Cela tient à la nature même de l'eau. Si la température s'élève au-dessus de de 4 degrés, par exemple à 5 degrés, l'eau se gonfle, se dilate par la chaleur, son volume augmente, et le poids de l'eau, qui pourrait remplir un centimètre cube, diminue. De même, quand la température s'abaisse au-dessous de 4 degrés, par exemple à 3 degrés, l'eau se gonfle encore, parce qu'elle approche du moment où elle se changera en glace; son volume augmente encore, et le poids de l'eau, qui pourrait remplir un centimètre cube, diminue.

4° *L'eau doit être pesée dans le vide.* Cela était nécessaire, parce que dans l'air, l'eau perd de son poids, par la même raison que tous les corps perdent aussi de leur poids par leur immersion dans un liquide.

Le gramme est donc le poids d'un centimètre cube d'eau distillée, prise à 4 degrés de température du thermomètre centigrade, et pesée dans le vide.

Multiples et sous-multiples du gramme.

101. *Les multiples et sous-multiples du GRAMME, qui suivent entre eux la progression décimale, sont tous*

usités, et chacun d'eux correspond à un volume déterminé; en voici le tableau.

Poids.			Volume.
Myriagramme	10000 grammes	égale	10 décim. cub. *ou* 1 décal.
Kilogramme	1000 grammes		1 décim. cub. *ou* 1 litre.
Hectogramme	100 grammes		100 centim. cub. *ou* 1 décil.
Décagramme	10 grammes		10 centim. cub. *ou* 1 centil.
GRAMME	*unité principale*		1 centimètre cube.
Décigramme	10e partie du gr.		100 millimètres cubes.
Centigramme	100e partie du gr.		10 millimètres cubes.
Milligramme	1000e partie du gr.		1 millimètre cube.

102. Toutes les valeurs de ce tableau, supposent le vase rempli d'eau distillée. Ainsi quand on connaît la capacité d'un vase, on peut en conclure le poids de l'eau, et réciproquement quand on connaît le poids de l'eau contenue dans un vase, on peut en déduire la capacité en litres et fractions de litres.

103. Pour évaluer les poids d'une grandeur moyenne, tels que ceux qui servent à nos usages journaliers, on emploie le gramme et ses multiples, jusques et compris le *kilogramme*. — Les sous-multiples du gramme et quelquefois le gramme lui-même, servent à l'évaluation de petits poids, tels que le poids de l'or, de l'argent, des matières précieuses, des médicaments, etc.

Mais pour évaluer les *poids considérables*, tels que le chargement d'un vaisseau ou d'une voiture, le poids d'une grande quantité de fer ou de quelqu'autre matière lourde, le poids des murs d'une maison, le poids de l'eau d'un réservoir, etc., indépendamment du *myriagramme*, on emploie deux multiples du *kilogramme* qui sont :

Le *quintal métrique*, dont le poids égale 100 kilogrammes.

Et le *millier métrique*, ou *tonneau de mer*, dont le poids est de 1000 kilogrammes.

Le *millier métrique* est appelé TONNEAU DE MER, parce qu'il est particulièrement employé pour évaluer le chargement des navires. On dit, par exemple : un vaisseau de 300 tonneaux, un vaisseau de 500 tonneaux, pour indiquer que ces bâtiments portent une charge de 300 mille, de 500 mille kilogrammes.

Description des poids.

104. Les poids peuvent se partager en trois ordres de grandeur : les gros poids, les poids moyens et les petits poids. Les gros poids, sont ceux qui dépassent un kilogramme ; les poids moyens, vont du kilogramme au gramme ; les petits poids sont ceux qui sont au-dessous du gramme.

105. Afin de donner à la vente des divers objets, toute la facilité qu'on peut désirer, la loi permet que l'on emploie des poids *doubles* et *sous-doubles*. En conséquence, voici les poids dont on se sert :

GROS POIDS.

Double myriagramme	égale	20 kilogrammes.	Poids en fer, ayant la forme d'une pyramide tronquée, à 6 pans, garnis d'un anneau.
MYRIAGRAMME		10 kilogrammes.	
Demi-myriagramme		5 kilogrammes.	
Double kilogramme		2 kilogrammes.	
KILOGRAMME		1 kilogramme.	

POIDS MOYENS.

Kilogramme	égale	1000 grammes.	Poids en cuivre jaune, ayant la forme d'un cylindre, garnis d'un bouton.
Demi-kilogramme		500 grammes.	
Double hectogramme		200 grammes.	
Hectogramme		100 grammes.	
Demi-hectogramme		50 grammes.	
Double décagramme		20 grammes.	
Décagramme		10 grammes.	
Demi-décagramme		5 grammes.	
Double gramme		2 grammes.	
Gramme		1 gramme.	

PETITS POIDS.

GRAMME	égale	1 gramme.	Poids en lames carrées de cuivre d'argent ou de platine.
Demi-gramme		5 décigrammes.	
Double décigramme		2 décigrammes.	
Décigramme		1 décigramme.	
Demi-décigramme		5 centigrammes.	
Double centigramme		2 centigrammes.	
Centigramme		1 centigramme.	
Demi-centigramme		5 milligrammes.	
Double milligramme		2 milligrammes.	
Milligramme		1 milligramme.	

Numération et comparaison des poids métriques.

106. Tous les multiples et les sous-multiples du litre étant le rapport immédiat de 1 à 10, le résultat d'une pesée pourra s'énoncer de plusieurs manières.

Ainsi : 4745 grammes, peuvent s'énoncer :
474 décagr. 5.
ou bien 47 hectogr. 45.
ou bien 4 kilogr. 745.

Numération en tout conforme à celle du mètre et de ses composés. — D'après cela :

vaut	MILLIER.	QUINT.	MYRIAG.	KILOGR.	HECTOGR.	DÉCAGR.	GRAMMES.	DÉCIGR.	CENTIGR.	MILLIGR.
Un MILLIER	1,	10,	100,	1000,	10000,	100000,	1000000,	»	»	»
Un QUINTAL	0,1	1,	10,	100,	1000,	10000,	100000,	»	»	»
Un MYRIAGR.	0,01	0,1	1,	10,	100,	1000,	10000,	»	»	»
Un KILOGR.	0,001	0,01	0,1	1,	10,	100,	1000,	10000,	100000,	1000000,
Un HECTOGR.	0,0001	0,001	0,01	0,1	1,	10,	100,	1000,	10000,	100000,
Un DÉCAGR.	0,00001	0,0001	0,001	0,01	0,1	1,	10,	100,	1000,	10000,
Un GRAMME	0,000001	0,00001	0,0001	0,001	0,01	0,1	1,	10,	100,	1000,
Un DÉCIGR.	»	»	»	0,0001	0,001	0,01	0,1	1,	10,	100,
Un CENTIGR.	»	»	»	0,00001	1,0001	0,001	0,01	0,1	1,	10,
Un MILLIGR.	»	»	»	0,000001	0,00001	0,0001	0,001	0,01	0,1	1,

107. La conversion des poids inférieurs en poids supérieurs, et réciproquement, étant en tout conforme à celle des mesures de longueur, nous nous contenterons d'en donner ici un seul exemple.

Convertir 47875 *milligrammes en décagrammes.*

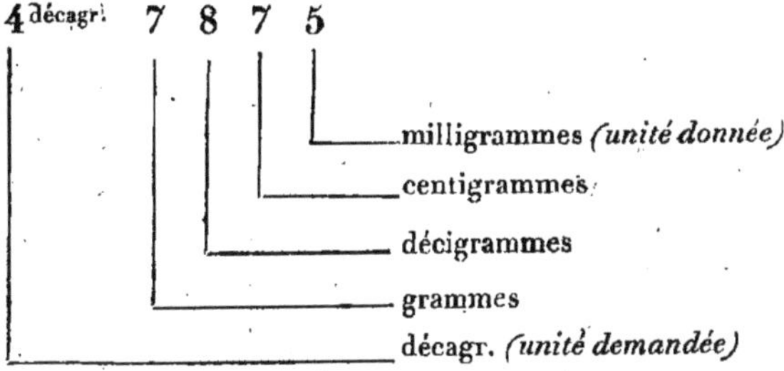

Pesanteur spécifique.

On appelle *pesanteur spécifique* d'un corps, le nombre qui exprime combien de fois une substance pèse autant que l'eau, à volume égal.

PESANTEURS SPÉCIFIQUES DE QUELQUES SUBSTANCES.

Eau distillée.	1. 00
Or pur fondu.	19. 25
Argent pur fondu.	10. 47
Cuivre pur fondu.	7. 78
Cuivre passé à la filière	8. 87
Plomb fondu.	11. 35
Fer fondu.	7. 20
Fer forgé.	8. 77
Acier trempé.	7. 81
Étain.	7. 29
Zinc	7. 19

Grès des paveurs	2. 41
Porcelaine de Sèvres	2. 14
Suif.	0. 94
Chêne sec.	1. 67
Chêne frais..	0. 93
Hêtre.	0. 85
Prunier	0. 78
Liége	0. 24
Mercure.	13. 58
Huile d'olive.	0. 91
Esprit de vin.	0. 83
Frêne.	0. 84
If	0. 81
Bois d'orme	0. 80
Pommier.	0. 73
Bois d'oranger	0. 70
Sapin jaune	0. 66
Tilleul.	0. 60
Bois de cyprès	0. 59
Bois de cèdre	0. 56
Peuplier blanc d'Espagne	0. 52
Peuplier ordinaire	0. 38

CHAPITRE VI.

MESURES D'APPRÉCIATION OU MONNAIES.

108. *Apprécier une chose*, c'est, par suite d'autres comparaisons d'abord établies, en comparer le prix

ou valeur réelle, avec une autre valeur conventionnelle, qui est ordinairement une pièce d'un métal précieux.

Les *monnaies* sont, avec raison, rangées au nombre des mesures, puisqu'elles servent de mesures à toute chose, même à ce qui paraît le moins susceptible d'*enchère* ou de *prisée*.

109. L'*unité des monnaies* est le *franc ;* c'est une pièce d'argent contenant un *dixième de cuivre*, et pesant CINQ GRAMMES : son diamètre est de 0^m 023.

Dans toute monnaie de France, l'argent fin est ainsi dans la proportion de 9 dixièmes à 1 dixième d'alliage ; c'est ce rapport du cuivre à l'argent, que l'on nomme le *titre légal*. L'or est également allié à 1 dixième de cuivre.

110. Une somme d'argent monnayé, contient donc toujours son dixième d'alliage, et pour avoir l'argent ou l'or fin, il suffira de multiplier le montant de cette somme par 0,9 : ainsi 8400 f. offre une valeur réelle en argent de 8400 fr. $\times$ 0,9 = 7560 f.

Le *franc* n'a pas de *multiple*.
Les *sous-multiples du franc* sont :
Le *décime* qui vaut 1 dixième de franc.
Le *centime* qui vaut un centième de franc.

On se sert quelquefois du mot *millime* pour désigner la *millième* partie du franc ; ce mot n'indique pas une monnaie réelle, mais un nombre auquel on peut être conduit par le calcul. Il en est de même, lorsque dans les calculs des finances, on pousse les valeurs jusqu'aux *dixièmes*, *centièmes*, *millièmes*, etc., de centime.

Métaux employés pour les monnaies.

111. On emploie pour les monnaies, des pièces d'*or*, des pièces d'*argent*, des pièces de *cuivre* et des pièces de *billon*. L'or et l'argent sont des métaux trop tendres pour être employés purs ; on y mèle du cuivre, pour obtenir une matière plus dure et plus propre à résister au frottement. Le *billon* est un alliage de cuivre et d'argent, dans lequel il entre moins d'argent que de cuivre.

La monnaie se compose des pièces suivantes :

Argent	pièce de 25 centimes, pesant	1 gr.	25
	pièce de 50 centimes, pesant	2,	50
	pièce de 1 franc, pesant	5,	»
	pièce de 2 francs, pesant	10,	
	pièce de 5 francs, pesant	25,	
Or	pièce de 20 francs, pesant	6	45
	pièce de 40 francs (*), pesant	12,	90
Billon	pièce de 10 centimes, pesant	2,	»
Cuivre	pièce de 10 centimes, pesant	20 gr.	
	pièce de 5 centimes, pesant	10,	
	pièce de 1 centime, pesant	2,	

Le titre de la monnaie de billon est de 2 *dixièmes*, c'est-à-dire qu'elle contient 2 *dixièmes* d'argent, et 8 *dixièmes* de cuivre.

Valeur des métaux employés pour les monnaies.

112. Toutes les valeurs se comparent à celles de l'argent.

L'argent vaut 15 fois $\frac{1}{2}$ moins que l'or, 4 fois plus que le billon, et 40 fois plus que le cuivre.

(*) Cette pièce a 26 millimètres de diamètre.

Or, 5 grammes en monnaie d'argent, valent 1 franc.

1 gramme vaut donc.	20 cent.
1 kilogramme ou 1000 grammes, vaut donc. .	200 f.
1 kilogramme en monnaie d'or vaut 15 fois 1/2 plus, ou.	3100 f.
1 kilogramme en monnaie de billon, vaut 4 fois moins, ou	50 f.
1 kilogramme en monnaie de cuivre, vaut 40 fois moins, ou	5 f.

Numération des monnaies.

113. La numération des monnaies est en tout conforme à celle des mesures de longueur; cependant on n'énonce jamais d'autre unité principale que le *franc*.

On ne compte pas non plus par *décimes* (excepté dans les postes), on compte par centimes; ainsi, on n'écrit pas 72 f. 8, on écrit 72 f. 80, et on prononce 72 francs 80 centimes. Dans le commerce, on écrit ainsi. . . . . fr. 72, 80.

TOLÉRANCE DANS LE TITRE DES MONNAIES.

114. La plus forte erreur, soit en plus, soit en moins, dans le titre des monnaies d'or et d'argent, ou ce qu'on appelle la *tolérance*, est de 2 millièmes pour l'or et de 3 millièmes pour l'argent.

Quand l'entrepreneur présente à la vérification une certaine quantité de pièces monnayées, les essayeurs en prennent, au hasard, quelques-unes dans le monceau, pour en faire l'analyse chimique. Si la composition ne sort pas des limites indiquées ci-dessus, la monnaie est reçue et versée dans les caisses de l'Etat; sinon, tout le monceau est remis à la fonte.

Quant au poids des pièces de monnaie, la tolérance soit en plus, soit en moins, varie avec les pièces de la manière suivante :

	Tolérance.
Pièces d'or de 20 et 40 fr.	2 millièmes
Pièces d'argent de 5 fr.	3 millièmes
Pièces de 2 et 1 fr.	5 millièmes
Pièces de 75 et 50 cent.	7 millièmes
Pièces de 25 cent..	10 millièmes
Pièces de billon.	7 millièmes
Pièces de cuivre.	20 millièmes

CHAPITRE VII.

MESURES DE TEMPS OU DURÉE.

115. *Mesurer le temps*, c'est en comparer un intervalle à un autre intervalle, appréciable à l'aide de mouvements réguliers, successifs et non interrompus.

116. Le mouvement régulier de la terre autour du soleil, est lui-même le type de toutes ces mesures; car dans une révolution sur son axe, le globe terrestre vient présenter au soleil qui l'éclaire, le même point qu'il présentait d'abord. Ce retour apparent du soleil au même point de la terre, constitue un *jour*; et quand, dans sa course autour du soleil, la terre revient au point de son départ, elle a présenté 365 fois le même point à cet astre : elle a accompli une année.

Le *jour* est l'unité principale des mesures de temps.

L'*année* est une durée de 365 jours, 5 heures, 4 minutes, 51 secondes 6.

Le jour est partagé en 24 parties égales, appelées *heures*.

L'heure se partage en 60 *minutes*, et la minute en 60 *secondes*.

L'année se partage aussi en 12 mois de 30 ou 31 jours, et cette manière de partager le temps, remonte en France, et pour une partie de l'Europe, au temps du pape Grégoire XIII, qui fit réformer les erreurs du calendrier. Voilà pourquoi notre calendrier est appelé *Calendrier Grégorien*.

A l'époque où le système métrique fut décrété en France, on voulut asservir le partage de la *durée* aux subdivisions décimales; les jours étaient de 10 heures, les mois de 30 jours, la semaine appelée *décade*, était de 10 jours, etc. Mais comme de tels changements eussent nécessité le concours volontaire des autres peuples de l'Europe, on fut obligé de revenir aux anciennes divisions.

CHAPITRE VIII.

DES QUATRE OPÉRATIONS DE L'ARITHMÉTIQUE

SUR LES NOMBRES EXPRIMANT DES MESURES MÉTRIQUES.

Règle générale. — Les quatre opérations de l'arithmétique, s'exécutent sur les nombres exprimant des mesures métriques, comme sur les nombres décimaux abstraits.

Addition.

117. Pour additionner les nombres exprimant des mesures métriques,

On les convertit à la même unité, s'ils se rapportent à des unités de grandeurs différentes ; on écrit ensuite les nombres à additionner, les uns au-dessous des autres, de manière que les unités de même ordre soient dans une même colonne verticale. On souligne le tout, et l'on fait l'addition comme sur les nombres décimaux abstraits.

On propose d'additionner les nombres suivants, en prenant le mètre pour unité.

Nombres à ajouter.	Conversion et addition.	
4 hectomètres 25 centimètres.	400^{m}	25
9 décamètres 8 millimètres.	90,	008
45 décimètres.	4,	5
75 mètres 875 millimètres.	75,	875
7 kilomètres.	7000,	» »
Total.	7570^{m}	633

Pour faire cette addition, dans laquelle on a pris le mètre pour unité, il a fallu convertir en mètres (nº 62) tous les nombres à additionner ; cette conversion était indispensable, parce qu'on ne peut additionner ensemble que des grandeurs de même espèce.

AUTRE EXEMPLE.

On propose d'additionner les nombres ci-après, en prenant le décalitre pour unité.

Nombres à ajouter.	Conversion et addition.	
45 hectolitres 784 décilitres.	457$^{\text{décal.}}$	84
76 kilolitres.	7600,	» »
757 litres 85 centilitres.	75,	785
847 décalitres 5 litres	847,	5
77 hectolitres.	770,	» »
Total.	9751$^{\text{décal.}}$	125

Soustraction.

118. Pour soustraire l'un de l'autre, des nombres exprimant des mesures métriques,

On les convertit à la même unité, s'ils se rapportent à des

unités de grandeurs différentes ; on écrit le plus petit nombre au-dessous du plus grand, en plaçant les unités de même ordre dans une même colonne verticale, on souligne le tout, et l'on fait la soustraction comme sur les nombres décimaux abstraits.

PREMIER EXEMPLE.

Un homme avait entrepris 747^{m} 875 d'un certain ouvrage ; il n'en a fait que 604^{m} 5, combien lui en reste-t-il à faire ? Réponse 143^{m} 375 millimètres.

Opération.

Ouvrage à faire	747^{m}	875
Ouvrage fait	604 ,	5
Reste à exécuter	143^{m}	375

DEUXIÈME EXEMPLE.

Une cruche pleine d'huile, pèse 3 myriagrammes 75 décagrammes ; lorsqu'elle est vide, elle pèse 18 hectogrammes, quel est en kilogrammes le poids de l'huile qu'elle contient ?

Nombres à soustraire.	Conversion et soustraction.	
3 myriagr. 75 décagr.	30$^{kilogr.}$	75
18 hectogrammes.	1 ,	8
L'huile pèse. . . .	28$^{kilogr.}$	95

Multiplication.

119. Pour multiplier, l'un par l'autre, des nombres exprimant des mesures métriques,

On écrit le multiplicateur au-dessous du multiplicande,

on souligne le tout; on effectue la multiplication sans faire attention à la virgule, ensuite on sépare sur la droite du produit autant de chiffres décimaux qu'il y en a dans les deux facteurs.

PREMIER EXEMPLE.

Combien coûtent 5 hectares, 44 ares, 20 centiares de terrain, à 860 fr. l'hectare? Réponse : 4680 fr. 12.

Solution. — Le nombre donné revient à 5 hect. 442. Or, puisqu'un hectare coûte 860 fr., il est clair que 5 hect. et 442 millièmes coûteront 5 fois 860 fr., plus les 442 millièmes de 860 fr. Il faut donc multiplier 860 fr. par 5,442.

Opération.

Multiplicande	860 fr.
Multiplicateur	5,442
	1720
	3440
	3440
	4300
Produit ou prix demandé	4680,120

DEUXIÈME EXEMPLE.

Combien coûtent 8 litres 75 centilitres d'esprit de vin, à 215 fr. 50 l'hectolitre? Réponse : 18 fr. 86.

Solution. — Il faut observer d'abord que puisque 1 hectolitre coûte 215 fr. 50, un litre coûtera 100 fois moins, c.-à-d. 2 fr. 155 ; donc, 8 litres et 75 centièmes, coûteront 8 fois 2 fr. 155, plus les 75 centièmes de 2 fr. 155. Il faut donc multiplier 2 fr. 155, par 8,75.

Effectuant l'opération comme sur les nombres décimaux, on trouve pour le produit 18,85625.

Donc, 8^{l} 75, coûteront 18 fr. 85625, ou simplement 18 fr. 86 (*).

Division.

120. Pour diviser, l'un par l'autre, deux nombres exprimant des mesures métriques :

On écrit le diviseur à la droite du dividende ; on sépare ces deux nombres par un trait vertical ; on souligne le tout ; 1° *Si le dividende et le diviseur contiennent le même nombre de chiffres décimaux, on fait la division sans avoir égard à la virgule, et comme dans ce cas le quotient est toujours un nombre entier, alors on peut ajouter au dividende autant de zéros que l'on veut avoir de chiffres décimaux au quotient.*

2° *Si le diviseur seul contient des chiffres décimaux, on ajoute au dividende autant de zéros qu'il y a de chiffres décimaux au diviseur, de plus on ajoute encore au dividende autant de zéros que l'on veut avoir de chiffres décimaux au quotient.*

3° *Si le dividende contient plus de chiffres décimaux que le diviseur, on effectue la division sans s'embarrasser de la virgule, et l'on sépare sur la droite du quotient autant de chiffres décimaux qu'il s'en trouve de plus au dividende qu'au diviseur.*

PREMIER EXEMPLE.

Le mètre cube de fossé coûte 4 fr. 65, combien

(*) Dans la monnaie, on se contente d'exprimer les centimes, et quand le chiffre des *millimes* est 5, ou plus fort que 5, on augmente le chiffre des centimes d'une unité.

fera-t-on creuser de mètres cubes pour 625 fr. 76. Réponse : 134 m. cub. 57.

Solution. — Puisque l'on dépense 4 fr. 65 pour faire creuser 1 mètre, et que l'on veut dépenser 625 fr. 76, il est clair que, autant de fois le nombre 4 fr. 65 sera contenu dans le nombre 625 fr. 76, autant on pourra faire creuser de mètres de fossé. Il faut donc diviser 625 fr. 76 par 4 fr. 65.

Opération.

```
625 fr. 76 00 | 4 fr. 65
--------------------------
1607          | 134,57
 2126
  2660
   3350
    95
```

La division effectuée d'après la règle donnée plus haut, on trouve pour quotient 134,57.

Donc, pour 625 fr. 76, on fera creuser 134 m. cub. 57 de fossé.

DEUXIÈME EXEMPLE.

On a acheté 15 kilogrammes 4 décagrammes d'huile pour 75 fr., combien coûte l'hectogramme ?

Solution. — J'observe d'abord que 15 kilogr. 4 déc. valent 150 hectogr. 4 dixièmes. La question est donc ramenée à celle-ci : 150 hectogr. 4, ont coûté 75 fr., combien coûte l'hectogr. ? Puisque 150 hectogr. 4 ont coûté 75 fr., pour connaître le prix d'un hectogr., il faut partager la somme dépensée 75 fr., en autant de parties égales que l'on a acheté d'hectogr. Il faut donc diviser 75 fr., par 150,4.

Effectuant l'opération d'après la règle donnée ci-dessus, on trouve pour quotient 0, 498.

Donc, 1 hectogr. d'huile coûte 0 f. 498, ou 49 centimes 8 dixièmes.

CHAPITRE IX.

PROCÉDÉS EMPLOYÉS POUR LE MESURAGE DES LONGUEURS.

121. Pour mesurer une ligne, on applique le mètre, le double mètre, le demi-mètre ou le double décimètre, tout le long de cette ligne, en marquant d'un trait le point où finit un mètre, et où commence le mètre suivant. Cette marque peut se faire avec de la craie, avec un crayon, ou avec la pointe d'un instrument tranchant. On évalue le reste, s'il y en a un, à l'aide des divisions portées sur le mètre même. Au lieu de n'employer qu'un mètre, et de faire une marque correspondante à son extrémité chaque fois qu'on l'applique sur la droite à mesurer, il serait préférable d'employer deux mètres que l'on placerait bout à bout alternativement; l'opération serait à la fois plus prompte et plus exacte.

Les lignes que l'on trace sur le papier, se mesurent soit en prenant une ouverture de compas égale, que l'on transporte sur le bord d'une règle divisée en centimètres et millimètres, soit à l'aide d'un double décimètre pareillement divisé et taillé en biseau, de manière que son tranchant puisse venir affleurer la ligne à mesurer. Il suffit alors d'un peu d'habitude, pour apprécier à l'œil les fractions de millimètre, avec une suffisante approximation. Quand le double décimètre est divisé avec soin, il offre une appréciation aussi rigoureuse et plus immédiate que l'emploi du compas.

Emploi du décamètre.

122. Si la ligne à mesurer est très-grande, comme la longueur d'un champ ou d'un chemin, on emploie le décamètre. Une personne seule ne pourrait mesurer avec le décamètre, il en faut deux : la première se place au point de départ, et dirige la seconde sur l'autre bout de la ligne. La première personne tient en sa main 10 fiches en fer, qu'elle enfonce successivement dans le terrain, pour marquer l'extrémité de chaque décamètre. Ces fiches passent des mains de la première personne dans celles de la seconde, qui n'a plus qu'à les compter, pour savoir combien de fois la chaîne a été portée sur la ligne à mesurer.

Il arrive ordinairement que la longueur de la chaîne n'est pas contenue un nombre exact de fois dans la ligne à mesurer; mais à l'aide de la division de la chaîne, il est facile d'obtenir la mesure du reste. Si par exemple la chaîne a été portée en entier 9 fois sur la ligne à mesurer, et que le reste contienne 4 anneaux de cuivre, plus 2 anneaux de fer, plus les $\frac{3}{4}$ de la longueur d'un chaînon, on en concluera que la longueur totale de la droite est de 9 fois un décamètre, plus 4 fois un mètre, plus 2 fois 2 décimètres, plus les $\frac{3}{4}$ de deux décimètres ou 15 centimètres, ce qui fait en totalité $94^{m}.55$. Il serait illusoire de vouloir pousser l'approximation au delà des centimètres, car les erreurs qui proviennent du plus ou moins de tension de la chaîne pendant l'opération, ainsi que du plus ou moins d'exactitude avec laquelle on fait coïncider ses extrémités avec les fiches, permettent à peine de compter sur le chiffre des centimètres.

CHAPITRE X.

MESURAGE DES SURFACES.

123. *Mesurer une surface*, c'est la comparer à une autre surface prise comme unité ou terme de comparaison. (*Voir mesures de surface*).

Lorsqu'on évalue les surfaces, on ne se sert pas de *mesures réelles*; on n'emploie véritablement ni *mètre carré*, ni *décimètre carré*, ni *are*, etc.; mais on mesure avec le *mètre linéaire* la longueur et la largeur des surfaces que l'on veut évaluer. Lorsque les surfaces ont la figure d'un carré ou d'un rectangle, on multiplie le nombre qui exprime combien la largeur contient d'unités linéaires, par le nombre qui exprime combien la largeur contient de ces mêmes unités, et le *produit exprime combien la surface contient d'unités de surface.*

PREMIER EXEMPLE.

124. Soit proposé de trouver le nombre de mètres carrés que contient le parquet d'une salle. Pour cela,

je cherche le nombre de mètres contenus dans la longueur et dans la largeur de cette salle, et si la longueur contient par exemple 5m. 45, et la largeur 4m. 75, je multiplie ces deux dimensions l'une par l'autre, et je trouve que le parquet dont s'agit, contient 25 *mètres carrés* 8875 *centim. carrés.*

DEUXIÈME EXEMPLE.

125. *Un propriétaire fait construire un mur de fermeture ayant* 45m 27 *de longueur, sur* 4m *de hauteur, au prix convenu de* 4 fr. 75 *le mètre carré, quelle somme coûtera ce mur?* Réponse : 860 fr. 13.

Opération.

Longueur	45m	27	
Hauteur	4m		
Produit	181m. c.	08	
à	4 fr.	75	le mètre carré.
	905 40		
	12675 6		
	72432		
Produit	860,13 00		

Le mur dont s'agit, ayant la même hauteur dans toute sa longueur, est un rectangle. Or, la surface d'un rectangle, s'obtient en multipliant la base par la hauteur; conséquemment, je multiplie les 45m 27 de longueur, par les 4m de hauteur, le produit est 181 m. c. 08; le prix du mètre carré étant de 4 fr. 75 cent., il est clair que 481 m. c. 08, coûteront 181 fois 4 fr. 75, plus les 8 centièmes de 4 fr. 75. Donc, en multipliant 4 fr. 75 par 181 m. car. 08, ou ce qui est la même chose, 181,08 par 4 fr. 75, on trouve pour produit ou prix du mur, 860 fr. 13.

Observons que, pour être rigoureusement mesurée, la hauteur d'un mur doit être indiquée par le fil à plomb.

TROISIÈME EXEMPLE.

126. *Un carré de terrain ayant pour côté* 8^m 4, *a été acheté au prix de* 18 fr. *le mètre carré, à quelle somme revient ce terrain?* Réponse : à 1270 fr. 08.

Solution. — Pour résoudre ce problème, il faut d'abord chercher la surface du carré de terrain vendu, laquelle sera $8^m\ 4 \times 8^m\ 4 = 70$ m. c. 56. Le prix du mètre carré étant de 18 fr., il est clair que 70 m. c. 56 coûteront 70 fois 18 fr., plus encore les 56 centièmes de 18 fr. Il faut donc multiplier 18 fr. par 70^m 56.

Effectuant la multiplication, on trouve pour produit 1270,08. Donc, le prix demandé du carré de terrain, sera 1270 fr. 08 cent.

QUATRIÈME EXEMPLE.

127. *Au prix de* 8 fr. 85 *le mètre carré,* quelle somme coûtera le lambris d'une salle de 8^m 25 de longueur, sur 6^m 40 de largeur, le lambris ayant 4^m de hauteur, observant toutefois qu'il faut déduire la superficie d'une porte de 3^m de hauteur sur 1^m 20 de largeur, et de 4 croisées qui ont chacune 2^m 60 de haut, sur 1^m 25 de large? *Réponse* : 890 fr. 31 cent.

Opération.

2 fois la longueur	8^m 25	=	16^m	50
2 fois la largeur	6^m 40	=	12^m	80
Contour de la salle			29^m	30
Hauteur du lambris			4^m	» »
	Produit		$117^{m.c.}$	20

Déduction à faire.

1° Une porte :

Hauteur	3^{m}		
Largeur	1^{m} 20		
Produit	3$^{m.c.}$ 60	ci	3$^{m.c.}$ 60

2° Croisées :

Hauteur	2^{m} 60		
Largeur	1, 25		
	1300		
	520		
	260		
Produit pour une	3$^{m.c.}$ 25 00 ; pour 4.		13$^{m.c.}$ 00
	Surface à déduire		16$^{m.c.}$ 60

Superficie du contour de la salle	117, 20
Déduction pour la porte et les 4 croisées	16, 60
Reste pour la surface du lambris	100$^{m.c.}$ 60

Le prix du mètre carré étant de 8 fr. 85 cent. les 100 m. c. 60 de lambris, vaudront conséquemment 100,60 × 8f. 85 = 890 fr. 31 cent.

L'examen attentif de cette opération indiquera la manière dont elle a été effectuée. On procéderait de même s'il s'agissait d'évaluer en mètres carrés la peinture ou la tapisserie d'une salle.

CINQUIÈME EXEMPLE.

128. *Au prix de 7 fr. 40 le mètre carré, quelle somme coûtera le plafond d'une salle irrégulière de 5^{m} de longueur sur 4^{m} de largeur par un bout, et 3^{m} 40 par l'autre bout.* Réponse : 136 fr. 90.

Opération.

La plus grande largeur est de	4^m
La plus petite de	3^m 40
Somme des 2 largeurs. . . .	7^m 40
Moitié des 2 largeurs ou largeur moy.	3, 70
Longueur.	5, » »
Produit	18m.c. 50
Prix du mètre carré.	7 fr. 40
	740
	1295
Produit	136 f. 90

Le plafond qu'il s'agit d'évaluer, a la forme d'un trapèze; or, la surface d'un trapèze s'obtient en multipliant la demi-somme des côtés parallèles par la longueur. Conséquemment, j'ajoute ensemble, comme l'indique l'opération, les 2 largeurs qui sont ici les côtés parallèles; j'en prends la moitié que je multiplie par la longueur, et je trouve pour la surface du plafond 18 m. c. 50; le prix du mètre carré étant 7 f. 40, le prix des 18^m 50 est 7 fr. 40 × 18,50 ou 18,50 × 7 fr. 40 = 136 fr. 90 cent.

SIXIÈME EXEMPLE.

129. *On fait construire ou reconstruire une pointe de pignon ayant* 8^m 75 *de base sur* 6^m *de hauteur, à raison de* 6 fr. 78 *le mètre carré, quel sera le prix de ce pignon?* Réponse : 177 fr. 97.

Opération.

Base du pignon	8m 75
Hauteur	6m
Produit	52m.c. 50
dont la moitié est de	26, 25
à	6 fr. 78 le mètre carré.
	21000
	18375
	15750
Produit	177,9750

Un pignon régulièrement construit, doit toujours former un triangle isocèle; sa hauteur est la perpendiculaire abaissée de la pointe du pignon sur le milieu de la base, laquelle hauteur, pour être rigoureusement mesurée, devra être indiquée par le fil à plomb qui, assujetti à la pointe même du pignon et prolongé suffisamment, passera précisément par le point milieu de la base.

Sachant que la surface d'un triangle s'obtient en multipliant la base par la hauteur et en prenant la moitié du produit, je multiplie la base du pignon qui est de 8m 75 par les 6 mètres de hauteur, j'obtiens au produit 52 m. c. 50 dont la moitié 26 m. c. 25 est la surface réelle du pignon. Multipliant ce résultat par 6 fr. 78, prix du mètre carré, on obtient pour le prix demandé, 177 fr. 97 centimes.

SEPTIÈME EXEMPLE.

130. *Quelle somme doit coûter la couverture double d'un bâtiment, longue de 40m, et large de 6m 70, à 8 fr. 76 le mètre carré?* Réponse : 6797 fr. 76.

Opération.

2 fois la longueur	40^m	=	80^m
Largeur.			9^m 70
			56
			72
Produit			776 m. c. 00

8 fr. 76 × 776 m. c. = 6797 fr. 76.

J'ajoute à elle-même la longueur de la couverture du bâtiment, et je multiplie la somme des deux longueurs par la largeur; la superficie est 776 m. c.; je multiplie ensuite 8 fr. 76 par 776, et je trouve que le prix demandé est 6797 fr. 76.

HUITIÈME EXEMPLE.

131. *On vend une glace miroir, longue de* 0^m 75 *cent., et haute de* 6 *décim., au prix de* 2 fr. 25 *le décim. carré, à combien revient cette glace?* Réponse : à 101 fr. 25 c.

Opération.

Longueur 0^m 75, ou	7 décim. 5		
Hauteur	6		
Produit	45 décim. 0		
à	2 fr.	25	le décim. carré.
	2	25	
	9	0	
	90		
Prix de la glace	101 fr. 250,	ou 101 fr. 25.	

NEUVIÈME EXEMPLE.

132. *Quel est le prix d'un terrain de forme circulaire, ayant* 8 *mètres de diamètre, vendu à raison de* 6 fr. 78 *le mètre carré?* Réponse : 340 fr. 89 cent.

Analyse de l'opération. Pour résoudre cette question,

je prends le rapport d'Archimède, et j'établis la proportion 7 : 22 :: diam. 8 : x. Je cherche le 4e terme de cette proportion ou la circonférence demandée, qui se trouve être 25^{m} 14, la surface du terrain s'obtiendra en multipliant la circonférence 25^{m} 14 par 2, quart du diamètre 8. Cette surface sera 50 m. c. 28. Multipliant ensuite 6 fr. 78, prix du mètre carré, par 50,28, on aura pour prix du terrain, 340 fr. 89.

DIXIÈME EXEMPLE.

On fait peindre une colonne ayant 17^{m} *de hauteur, sur* 7^{m} *de circonférence, au prix de* 1 fr. 25 cent. *le mètre carré, à quelle somme s'élève la peinture de cette colonne?* Réponse : à 148 fr. 75 cent.

Analyse de l'opération. — On peut considérer la superficie d'une colonne comme celle d'un rectangle qui aurait pour base ou longueur, la hauteur de la colonne, et pour largeur la circonférence même de cette colonne, conséquemment on trouvera la superficie de la colonne dont s'agit, en multipliant la hauteur 17 mètres par les 7 mètres de circonférence, le produit sera 119 m. c.; multipliant 1 fr. 25, prix du mètre carré, par 119, on trouvera pour prix de la peinture de la colonne, 148 fr. 75.

Mesures agraires.

133. Notre but n'étant point d'entrer ici dans les détails de l'arpentage qui est une science toute spéciale, nous dirons seulement que si les *terrains*, *prés*, *bois*, etc., dont on veut évaluer la surface, ont la figure d'un

carré ou d'un rectangle, on multiplie le nombre de *décamètres*, *mètres*, etc., que contient la longueur par le nombre de *décamètres*, *mètres*, etc., contenus dans la largeur, le produit exprime le nombre d'*ares* et *centiares* que contient la surface à évaluer.

EXEMPLE.

134. *On a vendu, au prix de 25 fr. l'are, un terrain ayant 18 décam. 8 m. de longueur sur 8 décam. 6 m. de largeur, à combien revient ce terrain ?* Réponse : 4042 fr.

Opération.

Longueur	18 décam.	8		161 ares	68
Largeur	8,	6	à	25 fr.	l'are
	11	28		808	40
	150	4		3233	6
Produit	161 ares	68	Prix du terrain	4042 fr.	00

Il serait inutile de multiplier les exercices ou problèmes sur les applications des mesures agraires, parce que quelque irrégulière que soit une pièce de terrain, sa surface se divise toujours d'après les procédés de l'arpentage, en *triangles*, en *rectangles*, en *trapèzes*, et son évaluation n'est plus alors qu'un cas particulier de l'emploi des mesures de superficie dont nous avons donné précédemment un certain nombre d'exemples.

CHAPITRE XI.

MESURAGE DES VOLUMES.

135. Lorsqu'on évalue les volumes, on ne se sert pas de *mesures réelles;* on n'emploie véritablement ni *mètre cube*, ni *décimètre cube*, ni *centimètre cube;* mais on mesure avec le mètre linéaire la *longueur*, la *largeur* et l'*épaisseur* des corps que l'on veut évaluer. Lorsque ces corps ont une forme *cubique* ou *rectangulaire*, on multiplie le nombre qui représente la longueur, par le nombre qui représente la largeur; on multiplie ensuite le produit que l'on obtient par le nombre qui représente l'épaisseur; le nouveau produit exprime combien le volume contient d'unités de volume. — (Voir : *Volume des corps.*)

PREMIER EXEMPLE.

136. *Une pierre rectangulaire a 25 décimètres de long, 18 décimètres de large, et 6 décimètres d'épaisseur, quel est son volume?*

En multipliant 25 par 18, on obtient 450; en multipliant 450 par 6 on obtient pour second produit 2700. La pierre présente donc un volume de 2700 décimètres cubes, ou de 2 mètres cubes 7 dixièmes.

En effet, puisque la longueur est de 25 décimètres

et la largeur de 18, la surface de la base de la pierre est de 18 fois 25 décimètres carrés, ou de 450 décim. carrés. Si, sur chacun de ces 450 décim. carrés, on élève un cube, on formera une tranche de 450 décim. cubes. Or la pierre contiendra 6 tranches pareilles ; car l'épaisseur de cette tranche est de 1 décimètre, et l'épaisseur de la pierre est de 6 décimètres. La pierre contient donc 6 fois 450 décimètres cubes, ou 2700 décimètres cubes.

DEUXIÈME EXEMPLE.

137. *Un propriétaire veut faire creuser une mare qui ait les dimensions suivantes :*

Longueur 50^m
Largeur 42^m
Profondeur 2^m 25.

Chaque mètre cube de terre à extraire devant lui coûter 0 *fr.* 40, *quelle somme lui coûtera la fouille de cette mare ?* Réponse : 1512 fr.

Opération.

Longueur.		40^m	
Largeur.		42^m	
		80	
		160	
Surface de la mare.		1680 m. c.	
× la profondeur.		2^m	25
		84	00
		336	0
		3360	
Volume des terres à extraire		3780 m. cub.	00
	à	0 fr.	40 le m. cub.
Prix de la fouille.		1512 fr.	00

TROISIÈME EXEMPLE.

138. *Un tas de moellons, ayant* 8m 75 *de longueur sur* 6 *mètres de largeur et* 2m 25 *de hauteur, a été vendu à raison de* 0 *fr.* 70 *le mètre cube, quel est le prix de ce tas de moellons ?* Réponse : 82 fr. 69.

Opération.

Longueur.	8m 75	
Largeur.	6 ,	
Surface de la base. . . .	52m.c. 50	
× la hauteur.	2 , 25	
	262 50	
	1050 0	
	10500	[décim. cub.
Volume du tas de moellons	118,1250 ou 118 m. cub. 125	
	à 0 fr. 70 le mètre cube.	
Prix du tas de moellons. .	82,68 750 ou 82 fr. 69.	

139. Dans la pratique, quand on doit mesurer des matériaux, tels que moellons, pierres dures, bois, etc., on les dispose en parallélipipèdes rectangles qui s'évaluent comme dans les trois exemples précédents. Le sable et la terre se disposent de la même manière ; mais les côtés prennent une inclinaison dont il faut tenir compte. On suppose les côtés verticaux, on évalue le volume du solide, et l'on distrait de ce volume les parties qui manquent réellement. Ce sont les ingénieurs qui font ces calculs dans les travaux du gouvernement ; ils mesurent avec une grande précision.

On peut cependant trouver le volume d'un tas de terre ou de sable dont les côtés ne seraient pas verticaux, sans suivre la méthode pratiquée par les ingénieurs.

En voici un exemple :

140. *Quel est le volume d'un tas de terre présentant les dimensions suivantes :*

Longueur de la base inférieure	20m 40
Largeur de la même base. .	16 , 20
Longueur de la base supérieure	17 , 28
Largeur de cette même base. .	13 , »»
Hauteur.	3 , 40

Opération.

Longueur de la base inférieure.	20m	40
Longueur de la base supérieure. . . .	17 ,	28
Somme des deux longueurs	37 ,	68
Moitié pour la longueur moyenne. . . .	18 ,	84
Largeur de la base inférieure.	16 ,	20
Largeur de la base supérieure.	13 ,	» »
Somme des deux largeurs	29 ,	20
Moitié pour la largeur moyenne. . . .	14 ,	60

La question est ramenée à celle-ci : *Trouver le volume d'un tas de terre ayant* 18m 84 *de longueur sur* 14m 60 *de large et* 3m 40 *de hauteur ?*

Le volume demandé = 18m 84 × 14m 60 × 3m 40 = 92 m. cub. 842.

Mesurage du bois de chauffage.

141. Puisque le stère est un mètre cube ou une quantité de bois ayant 1 mètre de *couche* et un mètre de *hauteur*, en supposant que les bûches aient 1 mètre de *longueur*, il s'ensuit que si la longueur des bûches varie en plus ou en moins, il faut faire varier l'une des

deux autres dimensions, afin que le produit des trois dimensions donne toujours 1 mètre cube.

Ainsi, pour savoir quelle hauteur il faut donner à une pile de bois d'un mètre de long, les bûches ayant 1^m 15 de longueur, afin que cette pile ait un volume d'un stère, il suffit de diviser 1 par 1^m 15, le quotient donnera la hauteur demandée.

Opération.

```
1,00000 | 1,15
--------------------
   800  | 0m 869
  1100
    65
```

On voit que la hauteur demandée est 0^m 869, ou 87 centim., parce que $1^m \times 1^m 15 \times 0^m 87 = 1$ m. cub.

142. Si au contraire, on donne à la bûche une longueur inférieure à un mètre, par exemple 0^m 75 la hauteur de la pile étant 1 mètre, il faudra que sa longueur excède 1 mètre pour que son volume ait un stère. Pour savoir quelle doit être cette longueur, il suffit de diviser 1 par 0^m 75, on aura pour quotient ou longueur demandée 1^m 33, parce que $1 \times 0^m 75 \times 1^m 33 = 0$ st. 998, quantité qui ne diffère du stère que de 2 millièmes.

Il arrive souvent que le bois de chauffage est empilé en quantité bien plus grande que le stère, alors on en mesure les trois dimensions que l'on multiplie l'une par l'autre, le produit exprime le volume de la pile de bois.

143. Supposons qu'une pile de bois ayant 12^m 25 de long, sur 1^m 45 de haut, les bûches ayant 0^m 9 de long, ait été vendue au prix de 13 fr. 25 le stère, on trouvera le prix de la pile de bois par le calcul suivant :

Opération.

```
Longueur                  12m  25
Hauteur                    1,  45
                          ---------
                           61  25
                          490  0
                         1225
                          ---------
                          17,76 25
Longueur de la bûche. .     0m 9
                          ---------
Volume de la pile. . . . 15,986 25 ou 15 st. 99

                   13 fr. 25
                   15 st. 99
                  -----------
                   119   25
                  1192   5
                  6625
                 1325
                 ------------
Prix de la pile  211,86  75    ou 211 fr. 87
```

OBSERVATION

SUR LA MANIÈRE D'EMPILER LE BOIS DE CHAUFFAGE.

144. Le bois de chauffage laisse des vides entre les bûches, et ces vides seraient d'un dixième ou d'un décistère, si les bûches étaient parfaitement cylindriques. Quand les bûches sont plates et droites, elles laissent fort peu de place perdue ; mais, le plus souvent elles sont plus ou moins rondes et sinueuses, et il y a perte de plus d'un dixième.

Le mesurage du bois de chauffage laisse donc de l'arbitraire, et même beaucoup ; car si l'acheteur prétend arranger les bûches de manière à laisser le moins de place vacante, le vendeur fait tout ce qu'il peut pour remplir le stère avec le moins de bois possible. On est donc obligé de recourir à des mesureurs experts.

Mieux vaudrait alors acheter le bois de chauffage au poids, et c'est ce que l'on fait déjà en beaucoup de chantiers. Malheureusement l'intérêt du marchand est de tenir son bois humide, et même d'arroser pendant la nuit, celui qui sera probablement vendu le jour suivant ; genre de fraude que l'on a pas à craindre en mesurant le bois au stère, puisque le bois mouillé se tasse mieux que le bois sec.

Mesurage du bois de charpente.

145. Les bois de charpente sont équarris ou en grume.

1° BOIS ÉQUARRIS.

146. Les bois équarris sont des parallélipipèdes que l'on évalue, en multipliant l'une par l'autre, les trois arêtes qui aboutissent à un même sommet.

EXEMPLE.

Une poutre présentant les dimensions suivantes : longueur 9m 25, largeur 0m 35, et hauteur 0m 25 a été vendue sur le pied de 56 fr. 75 le stère ou mètre cube, à combien revient cette poutre ? Réponse : 45 fr. 91.

Opération.

Longueur	9m 25
Largeur	0, 35
	46 25
	277 5
	3,23 75
Hauteur	0m 25
	1618 75
	6475 0
Volume de la poutre	0 st. 8093 75

56 fr. 75
0 st. 809

510 75
45400 0

Prix de la poutre 45,910 75 ou 45 fr. 91

AUTRE EXEMPLE.

147. *Au prix de* 6 *fr.* 75 *le décistère, quelle somme coûteront* 32 *chevrons de* 6^m 25 *de longueur, sur* 0^m 15 *d'équarrissage ?* Réponse : 308 fr. 61.

Opération.

0^m 15
0^m 15

75
15

0,0225
6,35

1125
675
1350

Volume d'un chevron 0 st. 142875
32,

285750
428625

Volume des 32 chevrons 4,572000 ou 45 décist. 72
à 6 fr. 75

228 60
3200 4
27432

Prix des 32 chevrons 303,61 06

Remarque. — Les bois équarris, destinés aux constructions, n'ont pas toujours la forme d'un parallélipipède; il arrive quelquefois qu'ils sont plus gros à une extrémité qu'à l'autre ; alors leur forme est celle d'une pyramide quadrangulaire tronquée. Pour en avoir le volume, *on prend la hauteur et la largeur de la pièce de bois à son point-milieu, le reste s'opère comme dans les exemples précédents.* Le résultat ne s'éloigne pas sensiblement de la véritable mesure. Ce moyen est employé dans la pratique.

2° BOIS EN GRUME.

148. Le bois en grume est celui qui est revêtu de son écorce.

Pour avoir le volume des bois ronds, on prend avec un cordeau la circonférence ou pourtour du milieu de la pièce de bois, on calcule la surface d'un cercle qui aurait cette même circonférence, et l'on multiplie la surface trouvée par la longueur de la pièce de bois.

EXEMPLE.

Quel est le volume d'une pièce de bois en grume, ayant 9 mètres de longueur, et dont la circonférence du milieu serait $0^m\,85$*?* Réponse : 5 décimètres 125.

Opération.

$22 : 7 :: 0^m\,85 : x$, d'où x ou le diamètre cherché $= \dfrac{7 \times 0^m\,85}{22} = 0^m\,27$, dont le quart est $0^m\,067$.

Circonférence.	0^m 85
Quart du diamètre.	0, 067
	595
	510
Surface du cercle.	0^m 05695
Longueur de la pièce de bois. . .	9,
Volume de la pièce de bois. .	0 st. 51255 ou 5 décist. 125

Cette méthode est généralement adoptée, cependant on obtiendrait un résultat plus rigoureux si, considérant la pièce de bois comme un cône tronqué, on en calculait le volume par la méthode indiquée pour trouver celui de ce solide.

149. Une autre méthode, encore beaucoup plus simple et aussi beaucoup plus en usage, est celle-ci :

Pour avoir le volume d'une pièce de bois en grume, on mesure la circonférence ou pourtour du milieu de la pièce de bois, on en prend le quart qui représente l'équarrissage, le carré de ce nombre, multiplié par la longueur de la pièce de bois, donne le volume cherché.

Ainsi, dans l'exemple qui précède, la circonférence du milieu de la pièce de bois étant de 0m 85, le quart sera 0m 212. Multipliant ce nombre par lui-même, et le produit par la longueur de la pièce de bois, on trouvera pour volume de cette pièce de bois 0 st. 408, ou 4 décistères, 04 centièmes, résultat inférieur au précédent.

Il arrive souvent qu'après avoir pris le pourtour du milieu de l'arbre que l'on veut cuber, on ôte de ce pourtour le *cinquième* de sa valeur, et l'on prend le quart du reste pour connaître l'équarrissage à vives arêtes que l'arbre peut produire.

Quelquefois c'est le *sixième* du pourtour seulement que l'on déduit. Alors on multiplie par lui-même, le nombre qui exprime l'équarrissage au *cinquième* ou au *sixième réduit*, et l'on multiplie le produit que l'on en obtient par la longueur de la pièce de bois : le nouveau produit est le résultat cherché.

CUBAGE DU BOIS EN GRUME, DÉDUCTION FAITE DE L'ÉCORCE ET DE L'AUBIER.

150. Comme le bois en grume est recouvert d'un aubier et d'une écorce, et que le plus ordinairement l'acheteur ne paie que le bon bois, voici une méthode pour en faire le calcul : c'est le mesurage employé dans l'artillerie.

On mesure les circonférences extrêmes, avec un cordeau ou une chaîne, on les ajoute et l'on en prend le dixième; on élève ce dixième au carré, et on le multiplie par la longueur de la pièce de bois. Le résultat est le volume du bon bois contenu dans l'arbre.

Soit la longueur de la pièce de bois égale à 3^{m} 83, la circonférence inférieure égale à 1^{m} 40, et la circonférence supérieure égale à 1^{m} 10, j'ajoute 1^{m} 40 et 1^{m}10, ce qui donne 2^{m} 50, dont le dixième est 0^{m} 25. Je carre 0^{m} 25, je multiplie le résultat 0^{m} 0625 par 3^{m} 83 longueur de la pièce de bois.

Le volume de cette pièce de bois est donc de 0 m. cub. 239375, ou de 239 décim. cub. 375 centim. cub.

MÉTHODE POUR TROUVER LE PLUS GRAND ÉQUARRISSAGE D'UN ARBRE.

151. Pour trouver le plus grand équarrissage d'un arbre abattu, *mesurez le diamètre du milieu de l'arbre, carrez ce diamètre, prenez la moitié du résultat; la racine carrée de cette moitié sera le côté du plus grand carré que peut donner l'arbre équarri à vive arête.*

EXEMPLE.

Quel est le côté du plus grand carré possible que donnera

une pièce de bois équarrie, prise dans un arbre de 58 centimètres de diamètre au milieu? Réponse : 0^m 41 centim.

Opération.

Diamètre. . . .	0^m 58
	0 , 58
	464
	290
Carré du diamètre	$0^{m.c.}$ 3364
La moitié est de .	0 , 1682 dont la racine carrée est 0^m 41.

MÉTHODE POUR TROUVER LA PLUS FORTE PIÈCE QU'ON PUISSE TIRER D'UN ARBRE.

152. La plus grosse pièce que donne un arbre n'est pas la plus résistante ; il a été constaté par des expériences multipliées et par le calcul, que la plus forte poutre, celle qui offre plus de résistance, ne doit pas être carrée à ses extrémités.

Pour avoir la plus forte pièce d'un arbre, *mesurez le diamètre du milieu de l'arbre; carrez ce diamètre, prenez-en le tiers dont la racine carrée sera le plus petit côté de la pièce; enfin, la racine carrée des deux tiers du diamètre sera le plus grand côté.*

EXEMPLE.

Quels sont les côtés de la plus forte pièce qu'on peut tirer dans un arbre de 1^m 4 *de diamètre?* Réponse : le plus petit côté sera 0^m 25, et le plus grand 0^m 36.

Opération.

Diamètre.	1^m 4
	1 , 4
	56
	14
Carré du diamètre. .	$1^{m.c.}$ 96

Le tiers du carré du diamètre est 0m. c. 653, dont la racine carrée est 0^m 25 à moins d'un centimètre près.

Les deux tiers du carré du diamètre étant 1 m. c. 307, la racine carrée sera 0^m 36, à moins d'un centimètre près.

CHAPITRE XII.

EMPLOI DES MESURES DE CAPACITÉ.

1. Mesurage des liquides.

153. Pour mesurer un liquide, on le verse dans le vase pris pour mesure, jusqu'à ce qu'en mettant l'œil à la hauteur des bords du vase, la surface du liquide s'aligne avec les bords.

A ce moment le vase est plein ; cependant, on pourrait encore y ajouter une certaine quantité de liquide, qui formerait une surface convexe au-dessus des bords. Cette quantité surabondante de liquide peut s'élever jusqu'au soixantième du volume total, pour l'eau mesurée dans un litre d'étain.

Il y a certains liquides que l'on vend au poids plutôt qu'à la mesure, tels sont les huiles, les acides, le mercure. On courrait risque de perdre une partie de ces liquides en les transvasant, ou de les altérer, ou d'altérer les vases qu'on emploierait à ce mesurage.

La quantité de liquide, contenue dans un vase, se mesure de trois manières :

1° On verse dans le vase qu'on veut mesurer le liquide contenu dans la mesure prise pour unité, autant de fois que cette mesure se trouve contenue dans le vase à mesurer. Cette manière de mesurer les liquides demande un peu d'habitude.

2° Ou bien, dans certains cas, on pèse le vase rempli de liquide.

3° Ou enfin, ce qui est indispensable dans une foule de circonstances, on cherche la capacité du vase par un calcul.

Nous allons en donner quelques exemples.

PREMIER EXEMPLE.

154. *Quelle est la capacité d'un vase de forme cylindrique, ayant* 1ᵐ 35 *de hauteur et* 0ᵐ 62 *de diamètre à sa base ?* Réponse : 408 litres 03 centilitres.

Opération.

Sachant que le volume d'un cylindre s'obtient *en multipliant la surface du cercle qui lui sert de base par la hauteur,* je cherche d'abord la surface du cercle de la base qui a ici 0ᵐ 62 de diamètre. La circonférence de ce cercle étant $\frac{22}{7} \times 0^{m}\,62 = 1^{m}\,95$, la surface demandée sera $1^{m}\,95 \times 0^{m}\,155$, quart du diamètre $0^{m}\,62 = 0$ m. c. 302. Multipliant enfin 0 m. c. 302 par 1ᵐ 35, on trouvera que la capacité demandée est égale à 0 m. cub. 40803, ou à 408 décim. cub. 03, ou enfin à 408 *litres* 03 *centilitres.*

Le calcul serait absolument le même, s'il s'agissait de trouver la quantité d'eau contenue dans un bassin circulaire.

DEUXIÈME EXEMPLE.

Quelle profondeur faut-il donner à un vase cylindrique de 0m 28 *de diamètre, pour qu'il puisse contenir* 48 *litres d'eau ?* Réponse : 0m 218, ou 218 millimètres.

Solution. — Les 48 litres représentent 48 décim. cubes. La base du vase cylindrique a une superficie exprimée par $\frac{22}{7} \times$ 0m 07 quart du diamètre 0m 28, = 0 m. c. 22, ou 22 décimètres carrés. Il faut que cette superficie, multipliée par la profondeur cherchée qui est la hauteur du cylindre, donne pour produit 48 décimètres cubes. Pour obtenir cette profondeur, il suffit de diviser 48 décim. cub. par 22 décim. carrés, le quotient qui est 2 décim. 18 millim. ou 0m 218, exprime la profondeur demandée.

Quelquefois nos bassins ont des formes carrées ou rectangulaires, dans ce cas, on en trouve la capacité, en multipliant l'une par l'autre, les trois dimensions qui en représentent la longueur, la largeur et la profondeur.

155. Supposons un bassin ayant 8m 25 de longueur, 5m de large et 2m 40 de profondeur, sa capacité qui est 990 hectolitres, se trouvera par le calcul suivant :

Longueur	8m	25
Largeur	5,	» »
	41,	25
Profondeur	2,	40
	1650	00
	8250	
	99,00	00

La capacité demandée est 99 mètres cubes ou 99 kilolitres, ou enfin, 990 hectolitres.

156. Nos vases n'ont pas tous la forme cylindrique carrée ou rectangulaire ; la plupart, tels que les cuviers, cuves, etc., ont la forme d'un cône tronqué ; alors on calcule la capacité de ces vases, par la méthode indiquée, pour trouver le volume d'un cône tronqué.

EXEMPLE.

157. *On demande la capacité d'une cuve dont le rayon du fond a* 1^{m} 12; *celui du bord supérieur* 1^{m} 38, *et dont la profondeur a* 1^{m} 54.

Solution. — La cuve dont il s'agit de trouver la capacité a réellement la forme d'un cône tronqué, et sachant qu'on trouve le volume du cône tronqué (n° 49) *en prenant le rayon de chacune de ses bases, en les ajoutant ensemble et en carrant leur somme, en retranchant leur produit du carré de leur somme, en multipliant le reste par le tiers de la hauteur et le tout par l'une des fractions* $\frac{22}{7}$ *ou* $\frac{355}{113}$ il faut faire les calculs suivants, pour trouver la capacité demandée.

Rayon du fond de la cuve	1^{m} 12.	. . . .	1^{m} 12
Rayon du bord supérieur	1, 38.	. . . .	1, 38
Somme des rayons. . . .	2^{m} 50		8 96
	2, 50		33 6
	12 5		112
	50	Produit des ray.	$1^{m.c.}$ 54 56
Carré de la somme des ray.	$6^{m.c.}$ 2500		
Produit des rayons. . .	1, 5456		
Différence	4, 7044		

Différence 4 m. c. 7044
Tiers de la haut. de la cuve 0, 513

14	1132
47	044
2352	20
2,413	3572
$\times \frac{22}{7}$ 22,	
4826	7144
48267	144 | 7
53,093	8584 | 7,5848369

40
59
33
58
25
48
64
1

La capacité de la cuve est égale à 7 m. cub. 584 décim. cub. 84, ou 75 hectolitres, 84 litres, 84 centilitres.

158. Les tonneaux eux-mêmes, quand on se contente d'une approximation, peuvent être considérés comme deux cônes tronqués, unis par leur base inférieure.

2. Mesurage des graines.

159. I. Pour mesurer les graines, on les introduit dans la mesure de manière à ne point les tasser; lorsque la mesure est pleine jusqu'au-desssus des bords, on passe la *rafle* sur les bords de manière à enlever toute la quantité surabondante.

II. La mesure légale est celle qui est *raflée;* mais

certaines substances légères, comme le son, se mesurent au *comble*. Pour mesurer au comble, on ajoute de la matière jusqu'à ce qu'elle s'élève aussi haut que possible au-dessus des bords.

III. La mesure légale ne doit pas être tassée. Lorsqu'il s'élève des contestations entre le vendeur et l'acheteur, ceux-ci peuvent recourir à un mesureur expert. Pour éviter toute contestation, il vaut mieux prendre le poids des substances, et les vendre au kilogramme plutôt qu'au litre.

CHAPITRE XIII.

DU PESAGE.

160. On pèse les corps au moyen d'une balance.

I. *Pour peser un corps,* on le place dans un des bassins de la balance, et on met des poids dans l'autre bassin jusqu'à ce que l'on ait obtenu l'*équilibre*, c'est-à-dire jusqu'à ce que le fléau prenne une position horizontale. A ce moment, les poids que l'on a employés expriment ce que pèse le corps.

Cependant ces poids n'expriment *exactement* ce que pèse le corps, qu'autant que les deux bras de la balance ont exactement *la même longueur*. Or il est presque impossible que les bras soient parfaitement égaux. Lorsque l'inégalité des bras n'est pas trop grande, on ne tient pas compte de la différence de poids qu'elle produit. Si l'erreur qui doit en résulter est trop grande, on pèse le corps alternativement dans les deux plateaux, et on prend la moyenne des deux opérations. Ainsi, par exemple, une première pesée a donné 240 grammes ; en changeant de plateaux on a obtenu 237 grammes ; le poids réel du corps est, à très-peu de chose près, 238 grammes et demi.

II. Lorsque l'on veut connaître le poids avec une très-grande précision, on emploie la méthode des *doubles-pesées*. On place le corps dans l'un des plateaux et l'on met dans l'autre plateau une matière quelconque, telle que la grenaille, jusqu'à ce qu'on ait obtenu l'équilibre. Ensuite, on lève le corps, et on le remplace par des poids en nombre suffisant pour reproduire une seconde fois l'équilibre. Ces poids exprimeront exactement ce que pèse le corps, quelque soit l'inégalité des bras du fléau.

EXERCICES

SUR L'ACCORD DU LITRE ET DU GRAMME

AVEC LE MÈTRE.

1er EXEMPLE. — *Le gramme étant le poids d'un centimètre cube d'eau distillée, que pèse un litre d'eau qui est un cylindre équivalent à un décimètre cube ?*

Réponse : 1 kilogramme.

Solution. — Un litre ou décimètre cube contient 1000 centimètres cubes ; le décimètre cube d'eau distillée pèse un gramme, le litre pèse conséquemment 1 kilogramme.

2e EXEMPLE. — *Combien un mètre cube d'eau pèse-t-il de kilogrammes ?* Réponse : 1000 kilogrammes.

Solution. — Un mètre cube contient 1000 décimètres cubes, le décimètre cube d'eau distillée pèse 1 kilogramme, le mètre cube d'eau pèse conséquemment 1000 kilogrammes.

3e EXEMPLE. — *Quel est le poids de 485 mètres cubes, 548 décimètres cubes et 235 centimètres cubes d'eau ?*

Solution.

485 mètres cub. pèsent 485 fois 1000 gr. ou	485000 kilogr.	
548 décimètres cubes pèsent	548,	
235 centimètres cubes pèsent	0,	235 gr.
Le poids demandé est donc	485548 kilogr.	235 gr.

4e EXEMPLE. — *Quel est le volume de 475 kilogrammes d'eau ?* Réponse : 475 décimètres cubes ou 475 litres.

EXERCICES

SUR L'ACCORD DU FRANC AVEC LE GRAMME

ET AVEC LE MÈTRE.

1er EXEMPLE. — *Puisque le franc a 0m 023 de diamètre, combien faut-il de pièces de 1 franc rangées à plat sur la même ligne pour occuper exactement la longueur du mètre?* Réponse : 43 pièces 1/2, à peu près.

Solution. — Puisque le mètre contient 1000 millimètres, il est clair qu'en divisant 1000 par 23, le quotient répondra à la question.

2e EXEMPLE. — *Puisque le franc pèse 5 grammes, combien faut-il de pièces de 1 franc pour peser 1 kilogramme?* Réponse : 200.

Solution. — En divisant 1000 par 5, le quotient répond à la question.

3e EXEMPLE. — 3 *pièces de 5 fr. ne pèsent que* 69 *grammes, que perd chaque pièce?* Réponse : 0 fr. 40

Solution. — Puisque une pièce de 5 francs pèse légalement 25 grammes, le poids de 3 pièces devrait être de 75 grammes ; or il n'est que de 69 grammes, la différence en moins est donc de 2 grammes par chaque pièce, chaque gramme valant 2 décimes, la perte totale est donc de 12 décimes, ou de 1 fr. 20.

TABLEAU

DE QUELQUES GRANDEURS USUELLES

EXPRIMÉES EN MESURES MÉTRIQUES.

Un doigt d'homme vaut 2 centimètres.
1 main ou 5 doigts valent 1 décimètre.
10 mains valent 1 mètre.

1 empan (*) vaut 2 décimètres.
5 empans valent 1 mètre.
1 grand pas vaut 1 mètre.
4 pas ordinaires valent 3 mètres.
10 grands pas ou 13 pas ordinaires font le côté de l'are.
100 grands pas ou 133 pas ordin. f. le côté de l'hectare.
15 minutes de marche ordinaire fait 1 kilomètre.
1 heure de marche accélérée fait 5 kilomètres.
1 heure du trop d'un cheval fait 8 kilomètres.
La taille ordinaire de l'homme est de 1^{m} 65 centim.
La taille d'un homme très-grand est de 2 mètres.
La surface de la main est de 2 décimètres carrés.
Le poids ordinaire de l'homme est de 70 kilogr.
La hauteur de la grande pyramide d'Égypte, l'édifice le plus élevé que les hommes aient construit, est de 146 mètres.
La hauteur des plus grands arbres qui croissent en France, est de 30 mètres.
La longueur de la France, entre Dunkerque et les Pyrénées, est de 100 myriamètres.
La distance de Paris à Lyon, est de 48 myriamètres.
——————— Marseille, est de 83 myriam.
——————— Toulouse, est de 73 myriam.
——————— Strasbourg, est de 48 myriam.

(*) On appelle *empan*, la distance entre les extrémités du pouce et du petit doigt écartés. Souvent l'empan donne plus de 2 décimètres ; pour avoir cette mesure, on prend alors la distance entre l'extrémité du pouce et celle de l'index.

TROISIÈME PARTIE.

CONVERSIONS RAISONNÉES

DES ANCIENNES MESURES EN NOUVELLES.

CHAPITRE Ier.

ANCIENNES MESURES DE LONGUEUR.

161. Les anciennes mesures de longueur se partagent en deux classes :

1° *Mesures de longueur en usage avant l'établissement du système métrique.*

2° *Mesures de longeur tolérées par le décret du* 12 *février* 1812.

Parmi les anciennes mesures de longueur en usage avant l'établissement du système métrique, on distinguait :

1° La *toise* qui valait 6 *pieds*, ou 72 *pouces*, ou 864 *lignes*.

2° Le *pied* qui valait 12 *pouces* ou 144 *lignes*.

3° Le *pouce* qui valait 12 *lignes*.

4° La *ligne* qui valait 12 *points*. Cette dernière division presque imperceptible était peu en usage.

5° L'*aune* de Paris qui valait 3 pieds, 7 pouces, 10 lignes 5/6, ou 526 lignes 833 millièmes, et qui était particulièrement employée pour le mesurage des étoffes.

6° La *perche* qui avait tantôt 18, 19, 20, 22 pieds, etc., et qui était employée pour mesurer la surface des terrains.

7° La *petite lieue* ou *lieue de poste* qui avait 2000 toises.

8° La *lieue terrestre*, appelée aussi *lieue commune*, et qui avait 2280 toises.

9° Enfin, la *lieue marine* qui avait 2850 toises.

Conversion des anciennes mesures de longueur en nouvelles.

TOISE, PIED, POUCE ET LIGNE EN MÈTRES.

162. Pour trouver le rapport de la toise au mètre, il suffit de diviser les lignes contenues dans la toise par celles que contient le mètre. Ainsi, en divisant 864 lignes par 443 lignes 296 millièmes, on a pour quotient 1 mètre 949 millim. 04.

Le rapport de la toise au mètre étant connu, si l'on veut avoir en fractions du mètre la valeur du pied qui est la 6e partie de la toise, il suffira de diviser 1m 94904 par 6, le quotient sera 0m 32484 ; divisant ce dernier nombre par 12, le quotient 0m 02707 exprimera la valeur du pouce qui est le 12e du pied en fractions du mètre ; enfin, en divisant 0m 02707 par

12, le quotient 0^m 00225 exprimera la valeur de la ligne, 12e du pouce, en fractions du mètre.

Donc,

La toise vaut	1^m 94904,	ou	1^m $949^{\text{millim.}}$	04.
Le pied vaut	0^m 32484,	ou	324,	84.
Le pouce vaut	0^m 02707,	ou	27,	07.
La ligne vaut	0^m 00225,	ou	2,	25.

EXERCICES PRATIQUES.

PREMIER EXEMPLE.

Combien y a-t-il de mètres dans une longueur de 45 toises ? Réponse : 87^m 705.

Opération.

```
 1m 949
 45,
 ------
   9745
  7796
 ------
 87,705
```

Je multiplie 1^m 949, valeur de la toise en mètre, par 45, le produit 87 mètres 705, exprime la valeur de 45 toises en mesure nouvelle.

Donc, *pour convertir des toises en mètres, multipliez* 1^m 949 *par le nombre de toises que vous voulez convertir.*

DEUXIÈME EXEMPLE.

Combien y a-t-il de mètres dans une longueur de 25 toises, 5 pieds ? Réponse : 50^m 35.

Opération.

```
      25 toises            324 millim. 84
       6 pieds             155
    ---------            ------------------
     150                  1624         20
 Plus  5  pieds          16242         0
    ---------            32484
     155  pieds         ------------------
                         50,350        20
```

Je réduis 25 toises 5 pieds en pieds, ce qui me donne 155 pieds que je multiplie par 324 millim. 84, valeur du pied en mesure nouvelle, et j'ai pour produit 50350 millim. 20, ou 50^{m} 35 centim., valeur exacte de 25 toises 5 pieds en mesure nouvelle.

Donc, *pour convertir des pieds en mètres, multipliez* 324 *millim.* 84 *par le nombre de pieds que vous voulez convertir.*

TROISIÈME EXEMPLE.

Combien y a-t-il de mètres dans une longueur de 8 *toises*, 4 *pieds*, 10 *pouces?* Réponse : 17^{m} 162 millimètres 38.

Opération.

```
      8  toises
      6
    ----
     48
Plus  4  pieds
    ----
     52  pieds
     12
    ----
    104
    52
Plus 10  pouces
    ----
    634  pouces
```

```
   27 millim.  07
  634
  ---------------
  108          28
  812           1
16242
  ---------------
17162 millim.  38
```

Je réduis 8 toises, 4 pieds, 10 pouces en pouces; le résultat est 634 pouces que je multiplie par 27 millimètres 07, valeur du pouce en mesure nouvelle, le produit 17162 millim. 38, ou 17 mètres 162 millim., exprime d'une manière exacte la valeur de 8 toises, 4 pieds, 10 pouces en mètres.

Donc, *pour convertir des pouces en mètres, multipliez* 27 *millim.* 07 *par le nombre de pouces que vous voulez convertir.*

QUATRIÈME EXEMPLE.

Combien y a-t-il de mètres dans une longueur de 10 toises, 4 pieds, 6 pouces et 10 lignes? Réponse : 18^m 220 millim. 50.

Opération.

Je réduis en lignes les 10 toises, 4 pieds, 6 pouces, 10 lignes, le résultat est 8098 lignes que je multiplie par 2 millim. 25, valeur de la ligne en mesure nouvelle ; j'obtiens pour produit 18220 millim. 50, ou 18^m 220 millim. 50, valeur exacte de 10 toises, 4 pieds, 6 pouces, 10 lignes en mètres.

Donc, *pour convertir des lignes en mètres, multipliez 2 millim. 25 par le nombre de lignes que vous voulez convertir.*

Des exercices qui précèdent, il résulte, que pour convertir en mètres une longueur exprimée par des toises, pieds, etc., *il faut réduire cette longueur en unités de la plus petite subdivision, et multiplier le résultat par le rapport de cette subdivision en mesure nouvelle.*

Conversion de l'aune de Paris en mètre.

163. L'aune de Paris valant 526 lignes 833 millièmes de ligne, il suffit de diviser ce nombre par 443 lignes 296 ; le quotient 1^m 188 millim. exprimera la valeur de l'aune en mètre.

Si l'on voulait savoir ce que 10 aunes de Paris valent en mètres, il faudrait multiplier 1^m 188 par 10, le produit 11 mètres 884 millim. exprime la valeur de 10 aunes de Paris en mètres.

PROBLÈME.

Combien 28 *aunes* $\frac{7}{8}$ *valent-ils en mètres ?* Réponse : 46^m 835 millim. 50.

Opération.

```
        | 8
7,000   | 0a 875
  60    |
  40
   0
38aunes 875
 1m     188
-----------
     311000
    311000
    38875
   38875
-----------
  46,183500
```

Je commence par réduire les $\frac{7}{8}$ d'aune en décimales, ce qui se fait en divisant 7 par 8, le quotient ou la fraction décimale 0^a 875 équivaut à $\frac{7}{8}$. Je multiplie 38 a. 875 par 1^m 188, valeur de l'aune en mètre, le produit est 46^m 835 millim. 5, mesure nouvelle équivalant à 38 aunes $\frac{7}{8}$.

Perches de 18, 19, 20 et 22 pieds en mètres.

164. On aura la valeur de la perche de 18 pieds en multipliant 18 par 324 millim. 84 valeur du pied en mètre, on trouvera ainsi, que la perche de 18 pieds équivaut à 5^m 847.

Par des multiplications analogues, on trouvera que la perche de 19 pieds vaut. . . . . . 6^m 172

Celle de 20 pieds vaut. . . . . . . 6^m 497

Et celle de 22 pieds vaut. . . . . 7^m 146

Conversion des lieues en kilomètres.

165. Pour savoir combien la lieue de poste dont la longueur est de 2000 toises, vaut en kilomètres, il suffit de multiplier 1ᵐ 949 valeur de la toise en mètre, par 2000, on trouve ainsi que cette lieue vaut 3898 mètres, ou . . . . 3^kilom. 898

Par des opérations analogues, on trouvera que la *lieue terrestre* ou *commune* de 2280 toises vaut . . . . 4^kilom. 444

Et que la *lieue marine* de 2850 toises 5^kilom. 555

PROBLÈME.

Combien y a-t-il de kilomètres dans 29 lieues $\frac{3}{4}$ *de poste ?* Réponse : 115 kilom. 965 mètres 50 centim.

Opération.

	3 kilom.	898
× 29 lieues 3/4 ou	29,	75
	19	490
	272	86
	3508	2
	7796	
	115,96	550

Après avoir réduit en décimales les 3/4 de lieue qui équivalent à 0 lieue 75, je multiplie 3 kilom. 898 valeur de la lieue de poste en mesure nouvelle, par 29 lieues 75 ; le produit 115 kilom., 965 mètres, 50 centim., répond à la question.

Donc, *pour trouver combien un certain nombre de lieues valent en kilomètres, multipliez le nombre de lieues donné par 3 kilom.* 898 , *si ce sont des lieues de poste, ou par* 4 *kilom.* 444, *si ce sont des lignes terrestres, ou enfin, par* 5 *kilom.* 555 , *si ce sont des lieues marines.*

Mesures de longueur tolérées par le décret du 12 février 1812.

166. L'usage d'une toise égale à 2 mètres, d'un pied égal au tiers de mètre, fut permis par le décret précité pour le mesurage des petites longueurs; le même décret permit pour l'aunage des étoffes, l'usage d'une aune égale à 12 décimètres.

Ces toise, pied et aune portaient d'un côté, les anciennes divisions en pouces et lignes, et de l'autre, les divisions en décimètres, centimètres et millimètres, et étaient appelées pour cette raison : *toise métrique*, *pied métrique* et *aune métrique*.

Conversion de la toise, du pied, du pouce et de la ligne métriques en mètres.

167. Cette conversion est bien simple : puisque la toise égale 2 mètres, le pied, 6e de la toise, vaut $\frac{2}{6} =$ 0^{m} 333 millimètres; le pouce, 12e du pied, vaut $\frac{0^{m}\,333}{12}$ $= 0^{m}\,02777$, et la ligne, 12e du pouce, vaut $\frac{0^{m}\,02777}{12}$ $= 0^{m}\,00231$.

Donc,

La *toise métrique* vaut 2 mètres.
Le *pied métrique* vaut 0^m 333, ou 333 millim.
Le *pouce métrique* vaut 0^m 02777, ou 27 millim. 77
La *ligne métrique* vaut 0^m 00231, ou 2 millim. 31

PROBLÈME.

Combien 8 toises, 5 pieds et 8 pouces métriques valent-ils en mètres? Réponse : 17^m 883 millim. 88.

Opération.

```
     8 toises              27 millim. 77
     6                     644
    ---                   -----------
    48                       11108
Plus 5 pieds                11108
   ---                     16662
    53 pieds              -----------
    12                     17,883,88
   ---
   106
   53
   ---
   636
Plus 8 pouces
   ---
   644 pouces
```

Il serait inutile d'insister davantage sur ces sortes de conversions qui ne nous paraissent pas d'une très-grande nécessité.

Conversion de l'aune métrique en mètre, et réciproquement.

158. La conversion de l'aune métrique en mètre et du mètre en aune métrique, est une des plus importantes, à cause de l'usage exclusif que l'on fait de cette aune depuis 1812. Cette conversion est bien facile; l'aune valait 12 décimètres, ou 1^m 20 centim.,

eh bien! figurons-nous qu'au lieu d'une aune de drap, c'est 1^m 20 que nous vendons ou achetons. Ainsi, voulons-nous savoir combien un certain nombre d'aunes valent de mètres, multiplions ce nombre par 1^m 20 : 25 aunes, par exemple, valent 1^m 20 $\times$ 25 $=$ 30 mètres.

Quoiqu'on ait rarement besoin de convertir des mètres en aunes, nous indiquerons cependant la manière d'opérer cette conversion.

L'aune valant 1^m 20, il s'ensuit que le mètre se trouve être les $\frac{5}{6}$ de l'aune ; mais la fraction $\frac{5}{6}$ équivaut à la fraction décimale 0, 83 centièmes ; ainsi, le mètre vaut donc 0 a. 83. Or, pour convertir, par exemple, 20^m 75 en aunes, il suffira de multiplier 0 a. 83 par 20^m 75, le produit sera 17 aunes 22 centièmes.

CHAPITRE II.

ANCIENNES MESURES DE SUPERFICIE OU SURFACE.

169. Comme les anciennes mesures de longueur, les anciennes mesures de superficie se divisent en deux classes.

1° *Mesures de superficie en usage avant l'établissement du système métrique.*

2° *Mesures de superficie tolérées par le décret du* 12 *février* 1812.

Anciennes mesures de superficie en usage avant l'établissement du système métrique.

170. Pour mesurer les petites superficies, telles que les bâtiments, les murs de fermeture, les parquets, les planchers, les couvertures des bâtiments, les lambris, etc., etc., on employait :

1° La *toise carrée* qui se divisait en 36 pieds carrés.

2° Le *pied carré* qui contenait 144 pouces carrés.

3° Le *pouce carré* qui se divisait en 144 lignes carrés.

4° Et la *ligne carrée.*

Pour mesurer les surfaces des terrains, on se servait de l'arpent qui contenait un certain nombre de perches ou verges carrées.

Entre une infinité d'autres mesures, on distinguait :

1° L'arpent *d'ordonnance ou des eaux et forêts*, qui était composé de 100 perches carrées de 22 pieds de côté ; la perche contenait 484 pieds carrés, produit de 22 par 22 ; il servait à mesurer tous les bois et domaines nationaux.

2° Et l'arpent, *mesure de Paris*, qui était composé de 100 perches carrées de 18 pieds de côté.

Rien ne présentait plus de variété dans les dénominations et dans le rapport des sous-divisions avec l'unité principale que les mesures agraires précédemment en usage en France. Il n'était pas rare de rencontrer dans le même canton, et quelquefois dans le même village, deux ou trois mesures différentes qui ne ressemblaient en rien, à celles des cantons et villages voisins.

Conversion de la toise carrée, du pied carré, du pouce carré et de la ligne carrée en mètres carrés.

171. Lorsqu'on connaît le rapport de deux lignes, on peut trouver, par une simple multiplication, le rapport qui existe entre les carrés géométriques qui ont ces lignes pour côtés. Par exemple, comme le rapport de la toise au mètre est 1^{m} 949, on aura le rapport de la toise carrée au mètre carré, en multipliant 1^{m} 949 par lui-même, le produit ou le rapport demandé sera 3 m. c. 7987.

Ainsi, pour évaluer en mètres carrés toutes les anciennes mesures de surface, il s'agit tout simplement de multiplier par eux-mêmes, les rapports des anciennes mesures de longueur aux nouvelles.

Effectuant ces multiplications, on trouve que :

La toise carrée vaut 3 m. c. 7987, ou 3 m. c. 7987 centim. c.
Le pied carré vaut 0 m. c. 105521, ou 1055 centim. c. 21
Le pouce carré vaut 0 m. c. 000733, ou 7 centim. c. 33.
La ligne carrée vaut 0 m. c. 00000518, ou 5 millim. c. 08.
La lieue carrée de 2000 toises de côté vaut 15 kilom. c. 195.
La lieue carrée de 2280 toises de côté vaut 19 kilom. 753.
La lieue carré de 2850 toises de côté vaut 30 kilom. c. 864.

EXERCICES PRATIQUES.

PREMIER EXEMPLE.

Combien y a-t-il de mètres carrés dans une surface de

85 *toises carrées ?* Réponse : 322 m. c., 88 décim. c., 95 centim. carrés.

Opération.

```
  3 m. c. 7987
  85
  ------------
     189935
    303896
  ------------
    322,8895
```

Je multiplie 3 m. c. 7987, valeur de la toise carrée en mètres carrés, par 85. J'ai pour produit 322 m. c. 8895, valeur de 85 toises carrées en mesure nouvelle.

Donc, *pour convertir des toises carrées en mètres carrés, multipliez les toises carrées par* 3 m. c. 7987, *valeur de la toise carrée en mesure nouvelle.*

DEUXIÈME EXEMPLE.

Combien y a-t-il de mètres carrés dans une surface de 138 *pieds carrés ?* Réponse : 145618 centim. c. 98, ou 14 m. c. 561898.

Opération.

```
  1055 centim. c. 21
  138
  ------------------
         8441 68
        31656 3
       105521
  ------------------
       14,5618 98
```

Je multiplie 1055 centim. c. 21, valeur du pied carré en mesure nouvelle, par 138, le produit 145618 centim. c. 98 millim. c., ou 14 m. c., 56 décim. c., 18 centim. c., 98 millim. c., répond à la question.

Donc, *pour convertir en mètres carrés, un nombre donné de pieds carrés, multipliez les pieds carrés par* 1055 *centim. c.* 21, *valeur du pied carré en mesure nouvelle.*

S'il s'agissait de réduire des pouces carrés en mètres carrés, il faudrait *multiplier le nombre de pouces donné par 7 centim. c. 33, valeur du pouce carré en mesure nouvelle.*

Si l'on avait besoin de convertir des lignes carrées en mètres carrés, *on multiplierait le nombre de lignes donné par 5 millim. c. 08, valeur de la ligne carrée en mesure nouvelle.*

TROISIÈME EXEMPLE.

On propose d'évaluer en mètres carrés une surface de 8 toises, 20 pieds, 40 pouces et 25 lignes carrées? Réponse : 32 m. c., 47 décim. c., 37 centim. c., 62 millim. c. 84.

Opération.

Pour résoudre cette question, je réduis la surface donnée en unités de la plus petite subdivision qui est ici la ligne carrée. Pour cela, je multiplie 8 toises par 36 pieds carrés, valeur de la toise carrée en pieds carrés, et ajoutant 20 au produit, j'ai 308 pieds carrés que je multiplie par 144 pouces carrés ; ajoutant 40 au produit, j'ai 44392 pouces carrés que je multiplie encore par 144 lignes carrées, valeur du pouce carré en lignes carrées, et ajoutant 25 au produit, j'ai pour résultat définitif 6392473 lignes carrées ; je multiplie ce nombre par 5 millim. c. 08, j'obtiens pour produit 32473762 millim c., 84, ou 32 m. c., 47 décim. c., 37 centim. c., 62 millim. c., 84 centièmes de millimètre carré.

Conversion des anciennes mesures agraires en nouvelles mesures.

1° MESURES D'ORDONNANCE OU DES EAUX ET FORÊTS.

172. La mesure d'ordonnance ou des eaux et forêts, se composait de 100 perches carrées de 22 pieds de côté.

Convertir en mesure nouvelle, la perche et l'arpent, mesure d'ordonnance.

173. Pour convertir la perche, mesure d'ordonnance, en are, *multipliez par lui-même, le nombre de pieds contenu dans la longueur de la verge, vous aurez au produit 484 pieds carrés que vous multiplierez par* 1055 *centim. c.* 21, *rapport du pied carré au mètre carré. Cette deuxième multiplication vous donnera pour produit* 510721 *centim. c.* 64, *ou* 51 *centiares* 07 *centièmes; les* 4 *dernières décimales peuvent être négligées, comme étant de presque nulle valeur.*

La perche étant de 51 centiares 07 centièmes, la valeur de l'arpent, en mesure nouvelle, sera 51 *centiares* 07 *multipliés par* 100, *ou* 51 *ares* 07 *centiares.*

Donc, 1° La perche carrée, mesure d'ordonnance, = 51 centiares 07. — 2° L'arpent, même mesure, = 51 ares, 07 centiares.

EXERCICES PRATIQUES.

PREMIER EXEMPLE.

On demande ce que 4 *arpents* 60 *verges* $\frac{1}{4}$, *mesure d'ordonnance, valent en ares?* Réponse : 2 hectares, 35 ares, 05 centiares.

Opération.

```
   460 verg. 25
    51,      07
   ------------
   3221      75
  46025      0
 230125
 ---------------
 23504,96    75
```

Je commence par réduire en verges, les 4 arpents 60 verges qui produisent 460 verges, et après avoir converti en décimales la fraction $\frac{1}{4}$, qui équivaut à 25 centièmes, je multiplie les 460 verges 25 centièmes par 51 centiares 07, valeur de la verge en mesure nouvelle, le produit 23504 centiares 9675, ou 2 hectares, 35 ares, 05 centiares, satisfait à la question.

Donc, *pour convertir en ares et centiares un certain nombre de verges, mesure d'ordonnance, multipliez le nombre de verges donné par 51 centiares 07, valeur de la verge en mesure nouvelle.*

DEUXIÈME EXEMPLE.

On demande ce que 45 ares, 75 centiares, valent en verges, mesure d'ordonnance? Réponse : 95 verges, 45 centièmes.

Opération.

```
48ares 750000 | 51,07
              |------
   2    7870  | 95,45
       23350
        29220
         3685
```

Pour trouver le résultat demandé, je divise 48 ares, 75 centiares, par 51 centiares 07, valeur de la verge en mesure nouvelle, le quotient 95 verges, 45 centièmes, satisfait à la question.

Donc, *pour convertir un certain nombre d'ares, centiares, en verges, mesure d'ordonnance, divisez le nombre d'ares donné par 51 centiares, 07, valeur de cette verge en mesure nouvelle.*

2° ANCIEN ARPENT, MESURE DE PARIS.

174. L'ancien arpent de Paris était composé, ainsi qu'on l'a vu (n° 170, 2°), de 100 perches carrées de 18 pieds de côté.

Convertir en mesure nouvelle la perche et l'arpent, mesure de Paris.

175. Pour convertir en mesure nouvelle, l'ancienne perche de Paris, *multipliez 18 par 18, vous aurez au produit 324 pieds carrés que vous multiplierez par 1055 centim. c. 21, vous obtiendrez pour second produit 34* centiares, 19 centièmes, qui sera la valeur demandée.

Multipliant 34 centiares 19 par 100, le produit 34 ares 19 centiares, exprime en mesure nouvelle la valeur de l'arpent, mesure de Paris.

3° ANCIEN ARPENT, MESURE DES COMTES DE SOISSONS.

176. Cet arpent se composait de 96 verges carrées de 20 pieds, 2 pouces de côté; il se divisait en 2 *esseins* de 48 verges chacun; l'essein se divisait lui-même en 2 pichets, chacun de 24 verges.

Convertir en mesure nouvelle, la verge et l'arpent, mesure des Comtes de Soissons.

177. Pour convertir en mesure nouvelle, l'ancienne verge, mesure des Comtes de Soissons, *réduisez la longueur de cette verge en unités de la plus petite subdivi-*

sion qui est le pouce, et vous trouverez que cette longueur est de 242 pouces; multipliez ce nombre par lui-même vous aurez pour produit 58564 pouces carrés que vous multiplierez par 7 centim. c. 33, valeur du pouce carré en mètre carré et vous trouverez que la verge dont s'agit, vaut 429274 centim. c. 12, ou 42 centiares 93.

Pour convertir en *ares* l'arpent, même mesure, composé de 96 verges, *multipliez* 96 *par* 42 *centiares* 93, *et vous trouverez que* 41 *ares*, 21 *centiares*, *est la mesure nouvelle qui correspond à cet arpent.*

Donc,

L'*arpent*, mesure des Comtés de Soissons, vaut 41 ar., 21 centiares.
L'*essein*, moitié de l'arpent, même mesure, v. 20 ar., 61 centiares.
Le *pichet*, moitié de l'essein, même mesure, v. 10 ar., 31 centiares.
La *verge*, même mesure, vaut 0 ares, 42 centiares, 93.

EXERCICES PRATIQUES.

PREMIER EXEMPLE.

On demande ce que 3 *arpents*, 1 *es sein et* 8 *verges* $\frac{2}{3}$ *valent en nouvelles mesures agraires?* Réponse : 1 hectare, 47 ares, 96 centiares, 25 centièmes.

Operation.

```
  344verg. 66
   42,     93
 ------------
  1033     98
 31019     4
 68932
137864
 ------------
14796,25   38
```

Pour répondre à cette question, je réduis en verges les 3 arpents, 1 essein et 8 verges qui forment 344 verges. Je convertis en décimales les $\frac{2}{3}$ de verge qui répondent à 66 centièmes, et je multiplie les 344 v. 66 par 42 *centiares* 93, j'obtiens pour résultat 14796 *centiares* 2538, ou ce qui est la même chose, 1 *hectare*, 47 *ares*, 96 *centiares*, 25 *centièmes de centiare*, mesure nouvelle équivalant à 3 arpents, 1 essein, et 8 verges $\frac{1}{3}$

Donc, *pour convertir en ares un certain nombre de verges, mesure des Comtes de Soissons, multipliez le nombre de verges donné par 42 centiares 93 centièmes.*

DEUXIÈME EXEMPLE.

Combien 75 ares, 85 centiares valent-ils de verges, mesure des Comtes de Soissons? Réponse : 176 verges, 68 centièmes, ou 1 arpent, 1 essein, 32 verges, 68 centièmes de verges.

Opération.

```
75ares 85000 | 42,93
32      920  | 176,68
 2     8690
      29320
       35620
        1276
```

Pour obtenir le résultat demandé, je divise 75 ares, 85 par 42 centiares, 93, le quotient est 176 verges, 68, ou 1 arpent, 1 essein, 32 verges, 68.

Donc, *pour convertir un certain nombre d'ares en verges, mesure des Comtes de Soissons, divisez le nombre d'ares donné, par 42 centiares, 93 centièmes.*

4° ANCIEN ARPENT, MESURE DU COMTÉ DE BRAISNE.

178. L'arpent, mesure du comté de Braisne, était

composé de 112 verges carrées de 21 pieds de côté, au pied de 10 pouces 10 lignes.

Cet arpent se divisait en deux esseins, chacun de 56 verges.

L'essein était lui-même divisé en 2 pichets, chacun de 28 verges.

Convertir en mesure nouvelle, la verge et l'arpent, mesure du comté de Braisne.

179. Pour convertir en mesure nouvelle, la verge dont s'agit, *réduisez la longueur de cette verge en mesure de la plus petite subdivision, qui est la ligne, et vous aurez* 2688 *lignes; multipliez ce nombre par lui-même, le produit vous donnera* 7225344 *lignes carrées que vous multiplierez par* 5 *millim. c.* 08, *vous obtiendrez pour résultat ou valeur demandée* 36704747 *millim. c.* 52, *ou* 36 *centiares* 70 *centièmes, les* 6 *dernières décimales pouvant être négligées comme étant d'une valeur, pour ainsi dire, nulle.*

Pour convertir en ares l'arpent, mesure du comté de Braisne, composé de 112 verges, multipliez 36 centiares par 112, vous obtiendrez pour résultat 41 *ares* 10 *centiares*, 40 *centièmes de centiare.*

Ainsi l'arpent, mesure du comté de Braisne, vaut 41 ares, 10 centiares, 40.

L'essein, moitié de l'arpent, même mesure, vaut 20 ares, 55 centiares, 20.

Le pichet, moitié de l'essein, même mesure, vaut 10 ares, 28 centiares.

Et la verge, même mesure, vaut 0 a., 36 cent., 70.

REMARQUES SUR LES CONVERSIONS PRÉCÉDENTES.

Convertir une perche ou verge quelconque en mesure nouvelle.

180. Les méthodes employées, dans les quatre exemples précédents, pour la conversion de la perche ou verge, en nouvelle mesure agraire, peuvent être généralisées et devenir applicables à toutes les anciennes mesures agraires.

1° Si la perche ou verge dont on veut avoir le rapport en nouvelle mesure, a pour longueur un certain nombre de pieds, *multipliez par lui-même le nombre de pieds contenu dans la longueur, le produit vous donnera des pieds carrés que vous multiplierez par* 1055 *centim. c.* 21, *rapport du pied carré au mètre carré.*

2° Si au contraire, la perche ou verge dont on veut avoir le rapport en nouvelle mesure, a pour longueur un certain nombre de pieds et pouces, *réduisez cette longueur en unités de la plus petite subdivision, qui est ici le pouce, et multipliez par lui-même le nombre de pouces trouvé, vous obtiendrez au produit des pouces carrés que vous multiplierez par* 5 *centim. c.* 33, *valeur du pouce carré en mètre carré.*

3° Si enfin, la perche ou verge à évaluer en nouvelle mesure, a pour longueur un certain nombre de pieds, pouces et lignes, *réduisez cette longueur en unités de la plus petite subdivision, qui est la ligne, et multipliez par lui-même le nombre de lignes trouvé, vous obtiendrez au produit des lignes carrées, que vous multiplierez par* 5 *millim. c.* 08, *rapport de la ligne carrée au mètre carré.*

Conversion des lieues carrées en kilomètres carrés.

181. Cette conversion nous paraît tellement simple, que nous n'en donnerons qu'un seul exemple.

EXEMPLE.

Un pays a en surface 140 *lieues communes* ou *terrestres carrées, quel est le nombre de kilomètres carrés contenus dans cette surface ?* Réponse : 276 kilom. c. 542.

Solution.

La lieue commune ou terrestre carrée étant égale à 19 kilom. c. 753, multipliez ce nombre par 140 lieues, le produit 276 kilom. c., 753, exprime d'une manière exacte la valeur de 140 lieues communes en mesure nouvelle.

Donc, pour convertir en kilomètres carrés un certain nombre de lieues communes carrées, *multipliez le nombre de lieues donné par* 19 *kilom. carrés* 753, *valeur de la lieue carrée en mesure nouvelle.*

Si l'on avait des lieues de poste à convertir, on les multiplierait par 15 kilom. c. 195, valeur de cette lieue en mesure nouvelle. Si au contraire, on avait des lieues marines, il faudrait les multiplier par 30 kilom. c. 864, valeur de cette lieue en mesure nouvelle.

Mesures de superficie, tolérées par le décret du 12 février 1812.

182. Les mesures de superficie, tolérées par le décret précité, étaient :

1° La *toise métrique carrée*, qui avait pour côté la

toise dite métrique, et qui contenait 36 pieds métriques carrés.

2° Le *pied métrique carré*, qui avait pour côté le pied appelé pied métrique ou tiers de mètre, et qui contenait 144 pouces métriques carrés.

3° Le *pouce métrique carré*, qui contenait 144 lignes métriques carrées.

4° Et la *ligne métrique carrée*.

La conversion de ces *toise*, *pied*, *pouce* et *ligne métriques carrés* en mètres carrés, est bien simple : elle s'effectue, comme nous l'avons vu au n° 171, en multipliant par eux-mêmes les rapports de ces *toise*, *pied*, etc., linéaires au mètre linéaire.

Ainsi, la toise métrique linéaire étant double du mètre, la *toise métrique carrée* vaudra 2 × 2 = 4 m. c.

Le pied métrique linéaire valant 0m 333, le pied métrique carré vaudra 0m 333 × 0m 333 = 0 m. c. 11 décim. c. 11.

Le pouce métrique linéaire étant 0m 02777, le pouce métrique carré vaudra 0m 02777 × 0m 02777 = 0 m. c., 00 décim. c., 07 centim. c. 47.

Enfin, la ligne métrique linéaire étant 0m 00231, la ligne métrique carrée vaudra 0m 00231 × 0m 00231 = 0 m. c., 00 décim. c., 00 centim. c., 05 millim. c. 36

Ainsi, pour convertir en mètres carrés un certain nombre de toises métriques carrées, multipliez le nombre de toises donné par 4, le produit vous donnera le nombre de mètres carrés que vous désirez connaître ; 40 toises métriques carrées, par exemple, valent 40 × 4 = 160 mètres carrés.

CHAPITRE III.

ANCIENNES MESURES DE VOLUME OU SOLIDITÉ.

183. Comme les anciennes mesures de longueur et celles de superficie, les anciennes mesures de solidité se partagent en deux classes :

1° *Mesures de solidité en usage, avant l'établissement du système métrique.*

2° *Mesures de solidité, tolérées par le décret du* 12 *février* 1812.

Parmi les anciennes mesures de solidité en usage, avant l'établissement du système métrique, on distinguait :

1° La *toise cube* qui valait 216 pieds cubes.

2° Le *pied cube* qui valait 1728 pouces cubes.

3° Le *pouce cube* qui valait 1728 lignes cubes.

4° Et la *ligne cube.*

184. *Pour mesurer le bois de chauffage*, on se servait entre autres mesures, 1° *de la corde des eaux et forêts ;* 2° *de la corde dite de grand bois ;* 3° *de la corde dite de port ;* 4° *et de la voie de Paris.*

La *corde des eaux et forêts* valait 112 pieds cubes, et se divisait en deux voies ; sa longueur était de 8 pieds, sa hauteur de 4, et la longueur de la bûche de 3 pieds, 6 pouces.

La *corde dite de grand bois*, contenait 128 pieds cubes, sa longueur était de 8 pieds, sa hauteur de 4, la bûche ayant 4 pieds de longueur.

La *corde, dite de port*, valait 140 pieds cubes ; elle était longue de 8 pieds, haute de 5, la bûche ayant 3 pieds 6 pouces de longueur.

La *voie de Paris*, moitié de la corde des eaux et forêts, valait 56 pieds cubes ; elle avait 4 pieds de long sur 4 de haut, la bûche ayant 3 pieds 6 pouces de longueur.

185. *Pour mesurer le bois de charpente*, on prenait pour unité la *solive* qui équivalait à trois pieds cubes.

On la considérait comme ayant 6 pieds de longueur, 1 pied de largeur, et 6 pouces d'épaisseur, ou 12 pieds de longueur, et 6 pouces sur 6 d'équarrissage. Ces trois dimensions, multipliées entre elles, donnent effectivement 3 pieds cubes.

La solive se divisait en 6 parties, qu'on nommait *pieds de solive*.

Le *pied de solive* était un solide qui avait 6 pieds de longueur, 1 pied de largeur et 1 pouce d'épaisseur.

Le pied de solive se divisait en 12 parties, que l'on nommait *pouces de solive*.

Le pouce de solive était un solide qui avait 6 pieds de longueur, 1 pied de largeur et 1 ligne d'épaisseur.

Conversion des anciennes mesures de volume ou solidité en nouvelles.

TOISE, PIED, POUCE ET LIGNE CUBES EN MÈTRES CUBES.

186. Pour trouver les rapports de la toise, du pied, du pouce et de la ligne cubes au *mètre cube*, il suffit de multiplier deux fois par eux-mêmes, les rapports de la toise, du pied, du pouce et de la ligne linéaires au mètre linéaire. Ainsi le rapport de la toise linéaire au mètre linéaire, étant 1^{m} 94904, le rapport de la toise cube au mètre cube, sera 1^{m} 94904 × 1^{m} 94904 × 1^{m} 94904 = 7 m. cub. 403887.

Le rapport du pied linéaire au mètre, étant 0^{m} 32484, le rapport du pied cube au mètre cube, sera 0^{m} 32484 × 0^{m} 32484 × 0^{m} 32484 = 0 m. cub. 034227.

Le rapport du pouce linéaire au mètre, étant 0^{m} 02707, le rapport du pouce cube au mètre cube, sera 0^{m} 02707 × 0^{m} 02707 × 0^{m} 02707 = 0 m. cub. 000019836.

Enfin, le rapport de la ligne linéaire au mètre, étant 0^{m} 002256, le rapport de la ligne cube au mètre cube, sera 0^{m} 002256 × 0^{m} 002256 × 0^{m} 002256 = 0 m. cub. 00000001148.

Récapitulation.

La toise cube vaut 7 m. cub. 403 887, ou 7 m. cub., 403 décim. cub., 887 centim. cub.

Le pied cube vaut 0 m. cub. 034227, ou 34 décim. cub., 227 centim. cub.

Le pouce cube vaut 0 m. cub., 000019836, ou 19 centim. cub., 836 millim. cub.

La ligne cube vaut 0 m. cub. 00000001148, ou 11 millim. cub., 48.

Conversion de la corde des eaux et forêts, de la corde dite de grand bois, de la corde dite de port et de la voie de Paris, en stères.

187. La corde des eaux et forêts valant 112 pieds cubes, on trouvera sa valeur en *stères* ou *mètres cubes*, en multipliant 34 décim. cub. 227, rapport du pied cube au mètre cube par 112 ; effectuant cette multiplication, le produit donne, pour la valeur demandée, 3 stères, 839.

Par des multiplications analogues, on trouvera que la corde dite de grand bois qui contenait 128 pieds cubes, vaut 4 stères, 387.

Que la corde de port qui contenait 140 pieds cubes, vaut 4 stères, 798.

Et que la voie de Paris qui contenait 56 pieds cubes, vaut 1 stère, 920.

REMARQUES.

188. I. Les anciennes mesures, destinées au bois de chauffage, étaient tellement multipliées que nous avons dû nous borner à donner ici la conversion de celles qui étaient le plus connues.

II. Si l'on avait besoin de convertir en stères, toute mesure autre que celles ci-dessus, on la réduirait en pieds cubes, ou en pouces cubes, que l'on multiplierait par le rapport du pied cube ou du pouce cube au mètre cube.

III. Les mêmes observations s'appliquent aux anciennes mesures de bois de charpente, autres que celle dont la conversion suit :

Conversion de la solive en décistères.

La solive étant égale à trois pieds cubes, on trouvera sa valeur en décistères, en multipliant 34 décim. cub. 227 par 3 ; le produit ou la valeur demandée, sera 0 m. cub. 102681, ou plus simplement 1 décist. 027.

Anciennes mesures de volume, tolérées par le décret du 12 février 1812.

189. Les mesures de volume, tolérées par le décret précité, étaient :

1° La *toise métrique cube* qui avait pour côté la toise dite métrique et qui contenait 216 pieds métriques cubes.

2° Le *pied métrique cube* qui contenait 1728 pouces métriques cubes.

3° Le *pouce métrique cube* qui contenait 1728 lignes métriques cubes.

4° La *ligne métrique cube.*

Conversion de la toise métrique et du pied métrique cubes en mètres cubes.

190. La conversion de la toise et du pied métriques

cubes en mètres cubes est très-simple : la toise métrique de longueur étant le double du mètre, la toise métrique cube vaudra conséquemment $2 \times 2 \times 2 =$ 8 mètres cubes.

Ainsi, pour convertir un certain nombre de toises métriques cubes en mètres cubes, il suffira de multiplier par 8 le nombre de toises donné ; 15 toises, par exemple, vaudront $15 \times 8 = 120$ mètres cubes.

Le pied métrique cube étant la 216e partie de la toise métrique cube, on aura le rapport du pied métrique cube au mètre cube, en divisant 8 par 216, le quotient ou la valeur cherchée, sera 0 m. cub. 037.

Nous ne pousserons pas plus loin ces sortes de conversions qui seront de bien peu d'utilité.

CHAPITRE IV.

ANCIENNES MESURES DE CONTENANCE OU CAPACITÉ.

191. Les mesures de capacité employées en France, avant l'établissement du système métrique, étaient tellement multipliées qu'il serait impossible d'en faire l'énumération, à plus forte raison d'en présenter la conversion en *mesures métriques*; nous nous contenterons d'énumérer et de convertir celles de Paris, que voici :

Pour le mesurage des graines ou matières sèches, on employait :

Le *muid* qui valait 12 setiers.
Le *setier* qui valait 12 boisseaux.
Le *boisseau* qui valait 12 litrons.
Et enfin, le *litron*.

Pour le mesurage des liquides, on employait :

Le *muid* qui valait 36 veltes.
La *velte* qui valait 8 pintes.
La *pinte* qui valait 2 chopines.
Et enfin, la *chopine*.

Conversion des anciennes mesures de capacité en mesures métriques.

192. Pour convertir les anciennes mesures de capacité en mesures métriques, il faut connaître les dimensions de ces anciennes mesures et en calculer la capacité en nouvelles mesures, d'après les règles données (n° 154 et suiv.).

C'est d'après des calculs de ce genre, qu'on a trouvé les rapports suivants :

1° MESURES DE CAPACITÉ POUR LES GRAINES.

Le muid vaut 18 hectol. 72 litres.

Le setier, 12e du muid, v. $\frac{18,72}{12} = 1$ hectol. 56 l.

Le boisseau, 12e du setier, vaut $\frac{1,56}{12} = 13$ l. 008.

Le litron, 12e du boisseau, vaut $\frac{13,008}{12} = 1$ l. 084.

2° MESURES DE CAPACITÉ POUR LES LIQUIDES.

Le muid vaut 2 hectol., 68 litres, 42.

La velte, 36e partie du muid, vaut $\frac{2^{\text{hectol.}}\,6842}{36}$ = 7 litres, 46.

La pinte, 8e partie de la velte, vaut $\frac{7^{\text{litres}}\,46}{8}$ = 0 litre, 93.

La chopine, moitié de la pinte, vaut 0 litre, 465.

CHAPITRE V.

ANCIENS POIDS.

193. Parmi les anciens poids, en usage avant l'établissement du système métrique, on distinguait :

La *livre, poids de marc* qui valait 2 marcs.

Le *marc* qui valait 8 onces.

L'*once* qui valait 8 gros.

Et le *gros* qui valait 72 grains.

Ainsi, la livre = 16 onces = 128 gros = 9216 grains.

Un poids de 100 livres s'appelait *quintal ;* un poids de 10 quintaux s'appelait *millier ;* le poids de 2 milliers était le *tonneau de mer*.

Conversion des anciens poids en poids métriques.

194. Par des calculs rigoureux on a trouvé que le kilogramme, évalué en poids anciens, vaut 2 livres, 5 gros, 35 grains, 15 centièmes de grain, ou 18827 grains, 15 centièmes.

La livre ancienne valant 9216 grains, 15 centièmes, on aura le rapport de cette livre en kilogramme, en divisant 9216 par 18827, 15.

Ainsi, la livre $= \dfrac{9216}{18827{,}15} =$ 489 gr. 51 centigr.

L'once, 16e de la livre, vaut $\dfrac{489^{gr.}\,51}{16} =$ 30 gr. 59.

Le gros, 8e de l'once, v. $\dfrac{30^{gr.}\,59}{8} =$ 3 gr. 82 centigr.

Le grain, 72^e^ du gros, vaut $\dfrac{3^{gr.}\,82}{72} =$ 0 gr. 05.

Le quintal, qui valait 100 livres, vaut 489 gr. 51 × 100 = 48 kilogr., 951.

Le millier qui valait 10 quintaux, vaut 48 kilogr. 951 × 10 = 489 kilogr. 51.

Le tonneau de mer, qui valait 2 milliers, vaut 489 kilogr. 51 × 2 = 979 kilogr., 02.

Poids tolérés par le décret du 12 février 1812.

195. Le décret précité tolérait, pour le commerce en détail, des poids métriques dont les fractions n'étaient pas décimales. On donnait à ces poids les noms des anciennes mesures.

Le kilogramme restait toujours l'unité, et dans le

commerce en gros, on ne comptait que par multiples décimaux du kilogramme ; mais pour les petites pesées on permettait l'usage d'une livre égale à *un demi-kilogramme.*

Cette livre, comme l'ancienne, se divisait en 16 onces ; l'once se subdivisait en 8 parties appelées *gros*, et le gros en 72 parties appelées *grains.*

La conversion de ces poids en poids métriques est bien simple : la livre étant égale à 500 grammes, l'once, 16e partie de la livre, vaut donc $\frac{500}{16}$ = 31 grammes, 25

Le *gros*, 8e partie de l'once, vaut $\frac{31^{gr.} 25}{8} = 3$ gr. 91.

Le *grain* vaut $\frac{3^{gr.} 91}{72} = 0$ gramme, 05.

CHAPITRE VI.

ANCIENNES MONNAIES DE FRANCE.

196. L'unité monétaire était, pour le calcul, la *livre* dite *livre tournois.* Mais ce n'était depuis longtemps qu'une unité fictive, aucune pièce de monnaie n'était le signe réel de cette valeur.

La livre se partageait en 20 *sous*, et le sou en 12 *deniers* ; le denier n'avait pas non plus de pièce représentative.

C'était la dernière division de l'unité.

Les pièces de monnaie d'argent étaient l'écu de 6 livres, de 3 livres, les pièces de 24, 12 et 6 sous.

Les pièces d'or étaient : le *double louis* valant 48 livres, et le *louis* valant 24 livres.

Conversion des anciennes monnaies en nouvelles.

197. Des expériences très-précises ont appris que 80 fr. valent 81 livres, de sorte que 1 livre vaut $\frac{80}{81} = 0$ fr. 9876, ou 98 centimes, 76 centièmes de centime.

Un sou vaut par conséquent $\frac{0^f\,98^c\,76}{20} = 0$ fr. 0494, ou 4 cent. 94.

Un denier vaut $\frac{0^f\,04^c\,94}{12} = 0$ fr. 004115, ou 0 cent., 4 centièmes de centimes.

L'écu de 6 livres vaut 0 fr. 9876 $\times$ 6 = 5 fr. 9256.

L'écu de 3 livres vaut 0 fr. 9876 $\times$ 3 = 2 fr. 9628.

OBSERVATIONS.

198. I. Nous n'avons donné, dans toutes les conversions précédentes, que le rapport des mesures anciennes aux mesures métriques, parce que c'est le genre de conversion que désormais on aura le plus besoin de

pratiquer. Toutefois, il serait bien facile de convertir les nouvelles mesures en anciennes, en renversant les rapports primitifs ; par exemple, en divisant 864 lignes par 443 lignes, 296, nous avons trouvé la valeur de la toise en mètre qui est 1m 04904 ; divisons 443,296 par 864, nous aurons la valeur du mètre en toise qui est 0 t., 513074.

II. Pour convertir un certain nombre de mesures anciennes en mesures métriques, on multipliera, comme nous l'avons fait dans les deux premiers chapitres des conversions, les quantités données par le rapport connu. Ainsi, par exemple, veut-on savoir ce que 25 livres poids de marc, valent en kilogrammes, il faut multiplier 489 gr. 51, valeur de la livre en mesure nouvelle, par 25, le produit ou la valeur demandée sera 12 kilogr. 23775.

FIN.

TABLE DES MATIÈRES.

Ire PARTIE.

NOTIONS DE GÉOMÉTRIE.

IIe PARTIE.

Pages.

CHAPITRE PREMIER.

CHAPITRE DEUXIÈME.

CHAPITRE TROISIÈME.

CHAPITRE QUATRIÈME.

CHAPITRE CINQUIÈME.

CHAPITRE SIXIÈME.

FIN DE LA TABLE.

SOISSONS. — IMPRIMERIE DE FOSSÉ DARCOSSE, IMPRIMEUR-LIBRAIRE, RUE DES RATS, 10.

Planche 1.ère

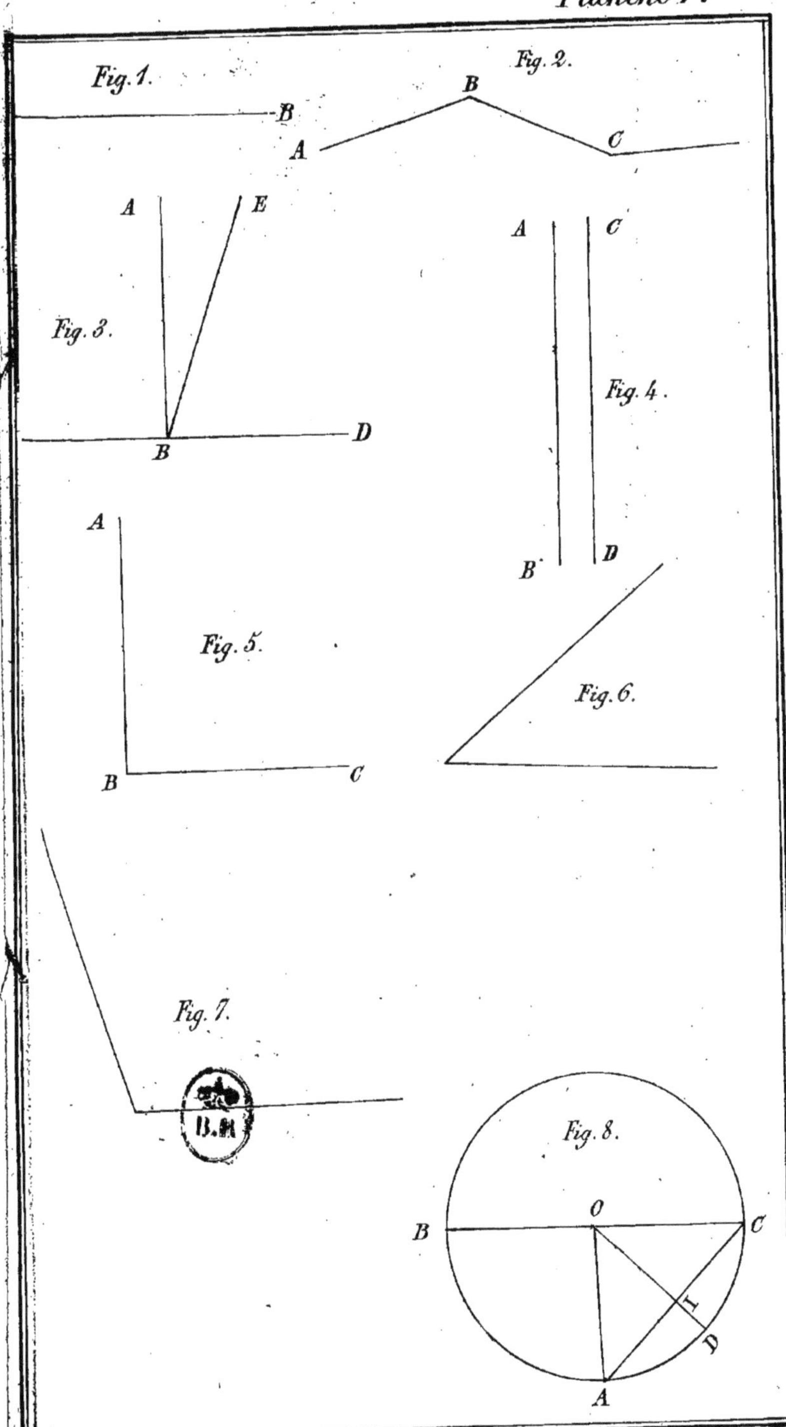

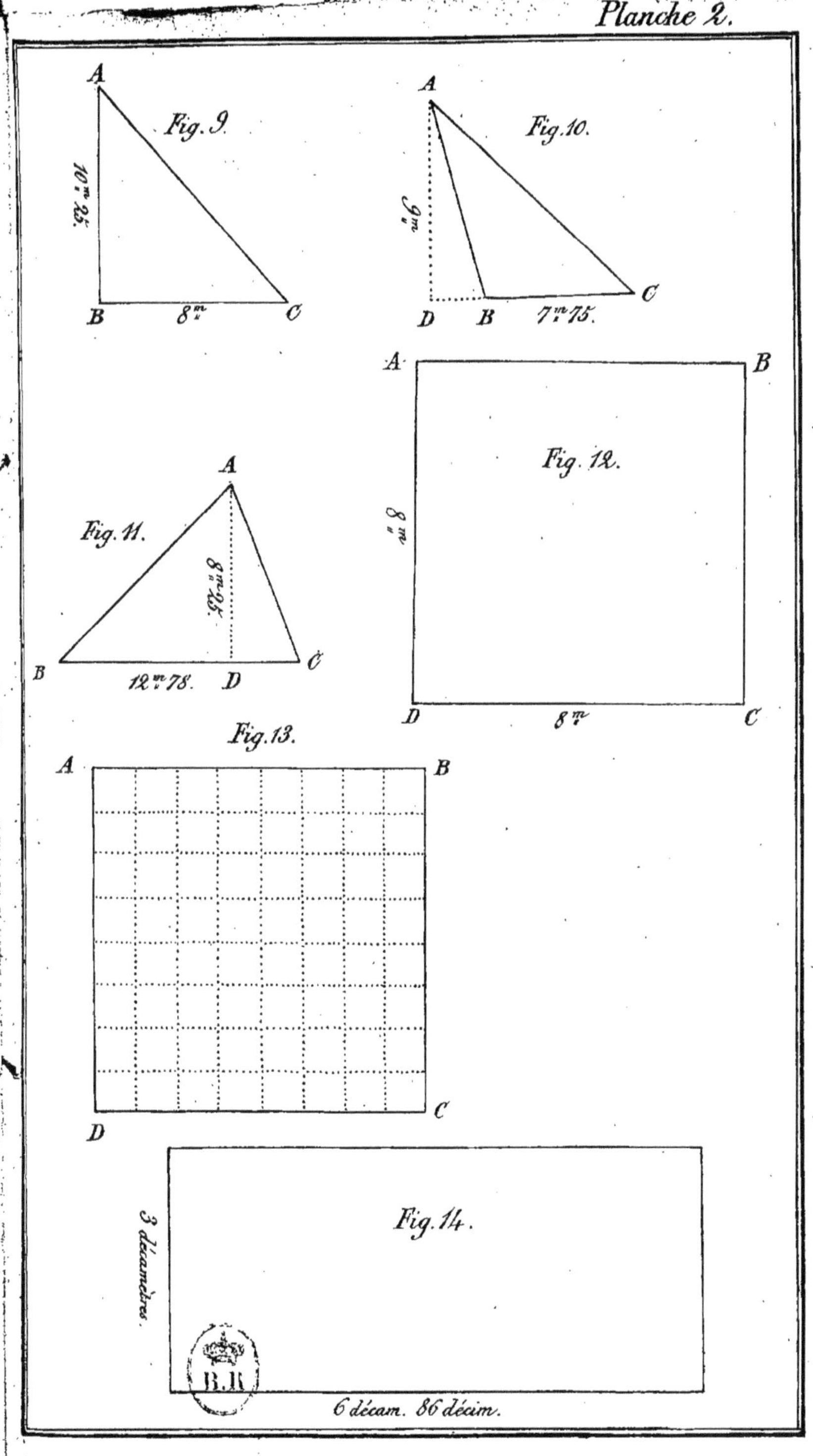
Planche 2.
A
Fig. 9.
10m 25.
B
8m
C
A
Fig. 10.
9m
D
B
7m 75.
C
A
B
Fig. 12.
8m
D
8m
C
A
Fig. 11.
8m 25.
B
12m 78.
D
C
Fig. 13.
A
B
D
C
Fig. 14.
3 décamètres
6 décam. 86 décim.

Planche 4.

Fig. 21.
C
D
A
4 mètres.
B
Fig. 22.
A
0m 74.
B
0m 24.
C
1m 18.
D
Fig. 23.
Fig. 24.
Fig. 25.
Fig. 26.
Fig. 27.

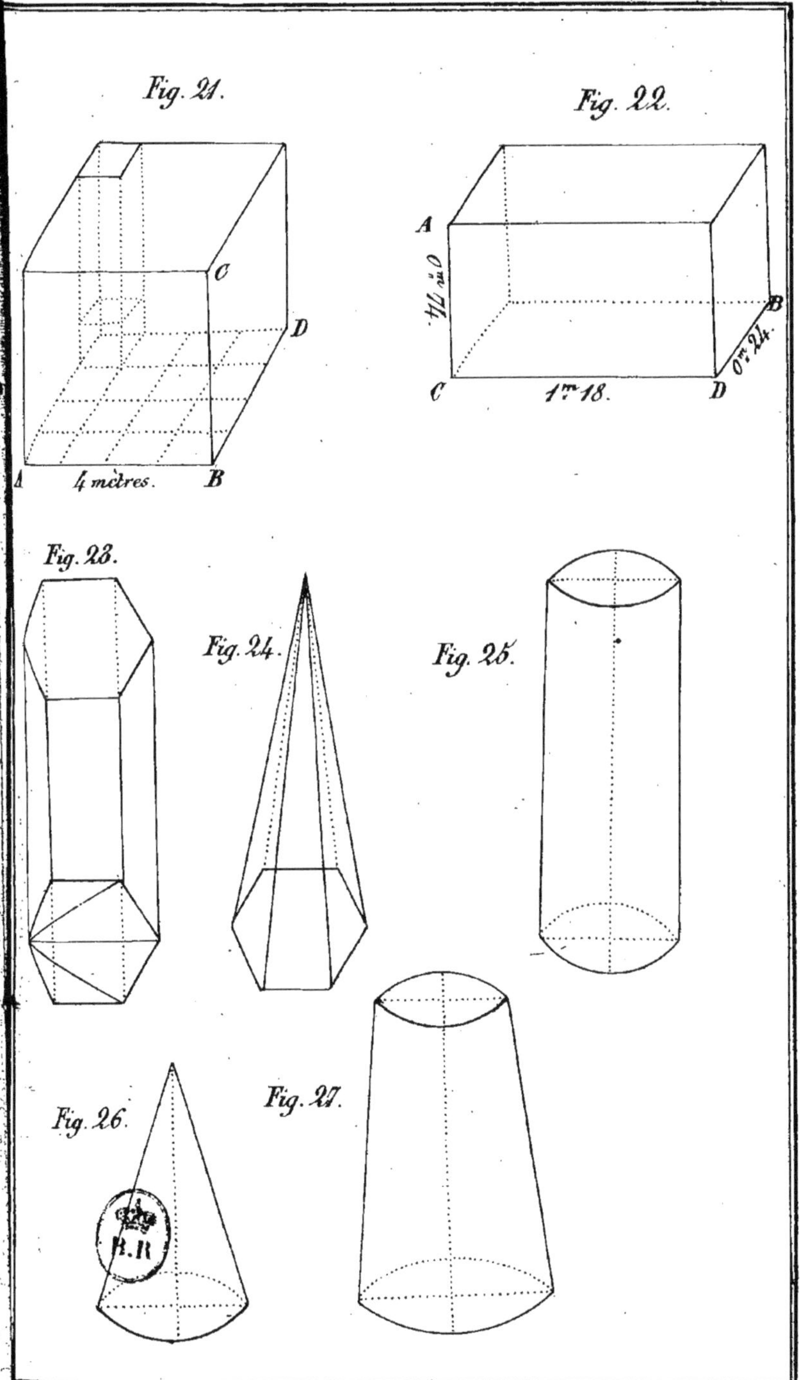

Planche 5.

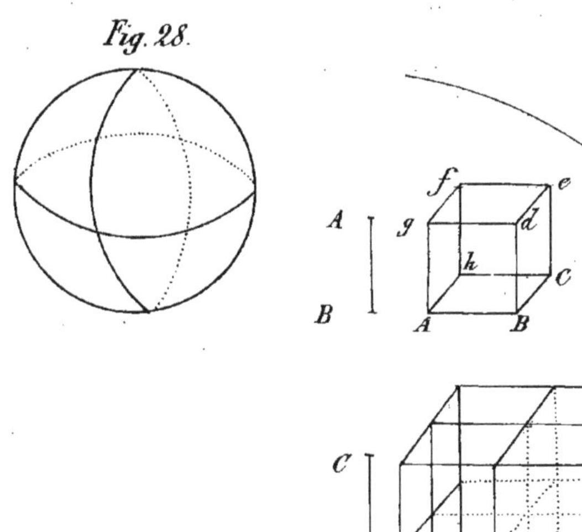

Fig. 29.

C
D
C
D
E
F

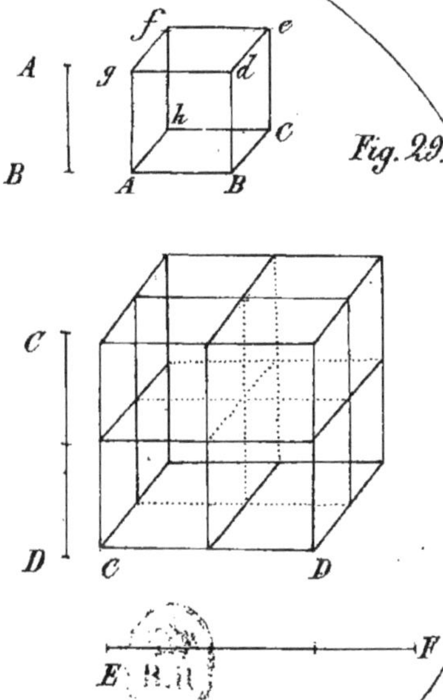

Planche 3.

Fig. 15.
A
E
B
8 décam. 75.
D
C
7 décamètres.
F
Fig. 16.
A
B
O
D
8m. 25.
C
Fig. 17.
11m E 87.
A
B
8m.
C
D
18m. 75.
F
Fig. 18.
11m. 41.
8m. 50.
15m. 25.
Fig. 19.
O
6 centim. 3.
D
7 centim.
Fig. 20.
9 mètres.

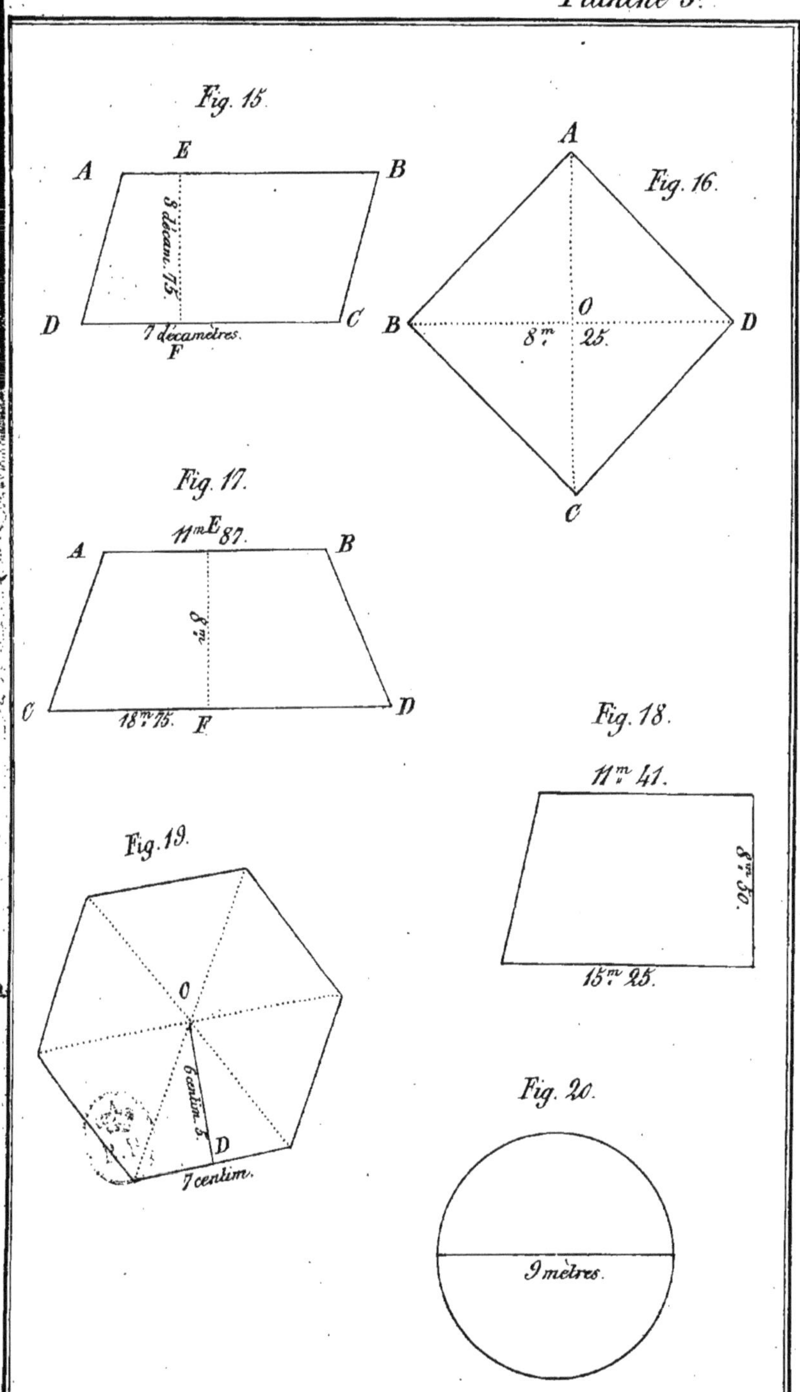

Sous presse :

BARRÊME MÉTRIQUE

Pour le cubage des bois ronds, des bois équarris et des bois méplats, depuis 5 centimètres jusqu'à 1 mètre 20 d'équarissage, avec des longueurs de 10 centimètres à 15 mètres, jusqu'à 30 centimètres d'équarrissage, et de 10 centimètres à 20 mètres pour toute la suite de l'ouvrage.

PRÉCÉDÉ

De l'indication des meilleures méthodes employées dans la pratique, pour le cubage des bois de charpente et des bois de chauffage, et de différents problèmes d'arithmétique sur l'application de ces diverses méthodes,

ET SUIVI

De tables comparatives des anciennes solives en décistères et réciproquement.

Un volume in-12 de 250 pages. — Prix : 3 fr.

www.ingramcontent.com/pod-product-compliance
Ingram Content Group UK Ltd.
Pitfield, Milton Keynes, MK11 3LW, UK
UKHW022108260726
13993UKWH00001B/381